中等职业教育国家级
示范学校特色教材

珠宝首饰设计基础篇
——电绘

丛书主编　李保俊
本书主编　梁嘉颖
副 主 编　余　娟
主　　审　李　琳　郭宗海
参　　编　吴文杰　吕平平

华中科技大学出版社
http://www.hustp.com
中国·武汉

内 容 简 介

本教材分别从初学者的角度和商业设计的角度介绍 JewelCAD 软件的基本操作方法,内容主要包括 JewelCAD 软件的介绍、基础练习、配件练习、素金戒指练习、镶嵌戒指练习及其他首饰设计等等。通过对个别具体案例的分析,帮助学生掌握计算机操作的基本原则及技巧。

图书在版编目(CIP)数据

珠宝首饰设计基础篇/余娟,梁嘉颖主编. — 武汉:华中科技大学出版社,2014.6(2021.1重印)
中等职业教育国家级示范学校特色教材
ISBN 978-7-5680-0158-8

Ⅰ.①珠⋯　Ⅱ.①余⋯　②梁⋯　Ⅲ.①宝石-设计-中等专业学校-教材　②首饰-设计-中等专业学校-教材　Ⅳ.①TS934.3

中国版本图书馆 CIP 数据核字(2014)第 118759 号

珠宝首饰设计基础篇——电绘　　　　　　　　　　　　　　梁嘉颖　主编

策划编辑:王红梅
责任编辑:余　涛
封面设计:三　禾
责任校对:刘　竣
责任监印:徐　露

出版发行:华中科技大学出版社(中国•武汉)　　　电话:(027)81321913
　　　　　武汉市东湖新技术开发区华工科技园　　　邮编:430223
录　　排:武汉市洪山区佳年华文印部
印　　刷:广东虎彩云印刷有限公司
开　　本:787mm×1092mm　1/16
印　　张:12
字　　数:308千字
版　　次:2021年1月第1版第7次印刷
定　　价:26.80元(两册)

本书若有印装质量问题,请向出版社营销中心调换
全国免费服务热线:400-6679-118　　竭诚为您服务
版权所有　侵权必究

中等职业教育国家级示范学校特色教材

第二批国家中等职业教育改革发展示范学校建设系列成果

编写委员会

主 任：
  李保俊【佛山市顺德区郑敬诒职业技术学校校长】

副主任：
  李海东【广东省教育研究院职业教育研究室主任】
  姜　蕙【佛山市教育局副总督学】
  郭锡南【佛山市顺德区机械装备制造业商会名誉会长】
  周军山【佛山市顺德区伦教玻璃机械与玻璃制品商会会长】
  孔庆安【佛山市顺德区伦教电子信息商会会长】
  黎凤霞【佛山市顺德区伦教珠宝首饰商会名誉会长】
  廖国礼【佛山市顺德区机动车维修协会会长】
  曾继华【广东伊之密精密机械股份有限公司总裁助理】
  陈永益【佛山市顺德区信源电机有限公司总经理】
  李秀鹏【海信科龙（广东）空调有限公司人事主任主管】
  张振宇【佛山裕顺福首饰钻石有限公司钻石厂厂长】
  阎晓农【广东新协力集团协力汽车维修服务有限公司总经理】
  张　斌【佛山市西子动画文化传媒有限公司总经理】
  黄耀连【佛山市伦教国税局股长】
  占　明【佛山市伦教地税局股长】
  张伦玠【广东技术师范学院自动化学院教授】
  周　华【广州番禺职业技术学院机电学院院长】
  彭国民【佛山市顺德区郑敬诒职业技术学校教学副校长】
  司徒葵东【佛山市顺德区郑敬诒职业技术学校德育副校长】
  袁长河【佛山市顺德区郑敬诒职业技术学校教务处主任】

黄惠玲【佛山市顺德区郑敬诒职业技术学校办公室主任】
王　鹏【佛山市顺德区郑敬诒职业技术学校培训处主任】
郭秋生【佛山市顺德区郑敬诒职业技术学校德育处主任】
李　峰【佛山市顺德区郑敬诒职业技术学校总务处主任】

编　委：

（行业企业技术人员）

文太金	黄世奔	肖　武	刘　彬	伍伟杰	陈继权	陈　良
马学涛	贺石林	郑强高	黄志坚	马　力	陈　洪	黄淑馨
吴雪玲	吴伟琼	王宛秋	苏中坤	刘锦成	郭宗海	毕学升
尤丽芳	何伟林	刘泗军	杨庭安	陈盛诏	万　强	李梦琪
何培楠	黄思恒	霍安祥	黄景明	张　凯	杨桂江	何卓娆
刘少冰						

（郑敬诒职业技术学校教师）

陈健生	刘文蔼	陈海标	黎玉珊	李晓萌	韩　冰	谭顺翔
杨新强	杨　进	李　琳	冯永亮	陈　刚	周　蓓	杨炳星
肖伟红	胡易明	廖小清	曾小兵	曾　敏	刘玉东	杨海源
封　溙	庞致军	马雪兰	张　俊	高文博	梁启津	熊浩龙
段传正	李成交	李胜利	颜佳曙	卢成峰	周昌立	冀殿琛
余　娟	梁嘉颖	陈妙云	吕平平	李俊密	吴文杰	李　珊
苏新蕾	简昶开	赵连勇	巫益平	彭　程	李　飞	莫伟明
王　晶	刘伟旋	颜　俊	黄健欢	李　璇	刘　勇	黄兴富
吴佩莹	邹志伟	赖春丽	周泳江	梁建林	李智灵	陈丽鸣
梁玉珍	罗小梅	李佩文	虞天颖	周　玲		

序

2010年,教育部、人力资源和社会保障部、财政部印发《关于实施国家中等职业教育改革发展示范学校建设计划的意见》(教职成〔2010〕9号),决定从2010年到2013年组织实施国家中等职业教育改革发展示范学校建设计划,形成一批代表国家职业教育办学水平的中等职业学校,以此带动全国中等职业学校深化改革、加快发展、提高质量、办出特色。

广东作为全国的经济大省和全球重要的制造业基地,职业教育一直受到政府的高度重视,职业教育发展水平也位居全国前列。在佛山市顺德区委、区政府的正确领导下,经过多年的建设,顺德中等职业教育坚持以服务经济社会为宗旨,获得了高速发展,形成了"一镇一校、一校一品、优质均衡"的职教格局。随着改革开放的不断深入和产业结构调整步伐的加快,进一步深化职业教育教学改革,着力培养具有创新思维、过硬技能和较高职业素养的技术技能型人才,是职业教育面临的新挑战和新机遇。

佛山市顺德区郑敬诒职业技术学校,位于"中国木工机械重镇""中国玻璃机械重镇"和"中国珠宝玉石首饰特色产业基地"——顺德区伦教街道。2011年,经国家三部委遴选,成为国家中等职业教育改革发展示范建设学校,并于 2012 年 6 月正式启动国家中等职业教育改革发展示范学校建设工作。两年来,学校坚持"以人为本,打造品牌,突出特色,服务社会"的办学理念,遵循"为学生成功奠基,为社会发展服务"的办学宗旨,紧贴当地经济发展带来的人才需求特点,围绕改革办学模式、改革培养模式、改革教学模式、创新教育内容、加强教师队伍建设、完善内部管理、改革评价模式七大任务,扎实开展职业教育理论研究,大胆实施探索实践,取得了一系列建设成果。两年的建设过程,备尝辛苦,因为面临繁重的建设任务,也因为建设中需要面对各种挑战和付出艰辛努力;两年的建设过程,亦觉甘之如饴,因为教师迎来了难得的进步新机遇,学生获得了宝贵的成长新空间,学校更赢得了可喜的提升新突破。

在示范校建设任务即将完成之际,郑敬诒职业技术学校将育人理念、专业人才培养方案、课程标准、教师优秀教学设计、校企合作优秀案例和学生优秀作品等一批成果整理成册、汇编出版,比较全面地反映出学校两年来的建设成效,也凝聚了全校师生的智慧和汗水。希望这些成果能为其他中职学校提供参考和借鉴,真正发挥示范校的引领、骨干和辐射作用。

借此机会,仅以个人的名义,对两年来关心、支持和帮助郑敬诒职业技术学校示范校建设项目的各位领导、行业企业热心人士、职业教育专家们表示衷心感谢!也祝愿郑敬诒职业技术学校百尺竿头更进一步!

2014 年 5 月 20 日

前 言

本教材是为了适应当前中等职业技术学校以提高学生的综合能力为教学目标的教学改革需要，根据以工作过程为导向的中等职业教育"十二五"规划教材的编写要求，以最新课程——效果导向课程模式理论而编写的。

本教材分手绘、电绘两部分，本书为电绘部分，以JewelCAD软件必备的基本理论知识为主线，主要介绍JewelCAD软件、基础练习、配件练习、素金戒指练习、镶嵌戒指练习及其他首饰设计的操作方法及技巧。每一章节都有操作步骤的演示、拓展练习等，帮助初学者理解基本功能键并掌握其操作技巧，实现对JewelCAD软件各种技能的熟练运用。

编者在结合自身教学和企业实践经验的基础上，综合了《JewelCAD珠宝设计实用教程》《首饰CAD及快速成型》等书，并结合自身教学经验编写了本教材，旨在帮助中职学校珠宝专业学生及其他珠宝培训机构学员快速掌握首饰设计基础知识。

本书主要讲授了JewelCAD软件运用、设计思路及实用的设计方法，通过学习，应能理解软件中各项命令，并使用各种功能键做出具有一定水平的珠宝首饰设计图。

本书由佛山市顺德区郑敬诒职业技术学校骨干教师共同编写，其中主编为梁嘉颖，副主编为余娟。具体编写分工为：第五章认识JewelCAD和第六章基础练习由吕平平、梁嘉颖共同编写，第七章配件制作的练习文字部分由吴文杰编写，吕平平配图，第八章素金戒指的设计与制作、第九章镶嵌戒指的设计与制作由梁嘉颖编写，第十章首饰的设计与制作由余娟编写。

本书的编写和出版包含了很多人的辛苦努力。感谢佛山市巨鑫珠宝有限公司的鼎力支持，尤其巨鑫珠宝有限公司郭宗海先生提供了技术指导并提出的宝贵意见，同时也要感谢佛山市顺德区郑敬诒职业技术学校珠宝专业部的老师们，他们的合作及意见使此教材得以充实，在此真诚感谢！

由于编者水平有限，书中难免出现错漏之处，敬请广大读者批评指正。

编　者
2014 年 3 月

目 录

第五章　认识 JewelCAD ··· (1)

　5.1　JewelCAD 简介 ·· (1)

　5.2　JewelCAD 的特点 ··· (1)

　5.3　JewelCAD 布局 ·· (2)

第六章　基础练习 ·· (3)

　6.1　叶片戒指的制作 ·· (3)

　6.2　球体戒指的制作 ··· (11)

　6.3　球体的制作 ··· (19)

第七章　配件的制作 ··· (24)

　7.1　包镶镶口的制作 ··· (24)

　7.2　耳钉和耳背制作 ··· (27)

　7.3　瓜子扣的制作 ·· (32)

　7.4　爪镶镶口的制作 ··· (37)

第八章　素金戒指的设计与制作 ··· (43)

　8.1　曲面戒指的制作 ··· (43)

　8.2　三环戒指的制作 ··· (48)

　8.3　男士戒指的制作 ··· (51)

第九章　镶嵌戒指的设计与制作 ··· (56)

　9.1　光圈女戒的制作 ··· (56)

　9.2　珍珠女戒的制作 ··· (60)

　9.3　光圈男戒 ·· (69)

9.4　轨道镶戒指的制作 …………………………………………………………… (79)
第十章　首饰的设计与制作 …………………………………………………………… (90)
　　10.1　胸针的制作 …………………………………………………………………… (90)
　　10.2　耳饰的制作 …………………………………………………………………… (97)
附录A　设计时不能忽略的事项 …………………………………………………… (107)
附录B　珠宝设计实例 ………………………………………………………………… (109)
参考文献 ………………………………………………………………………………… (118)

第五章 认识JewelCAD

5.1 JewelCAD简介

计算机首饰设计(Computer Aided Jewelry Design),即用计算机进行辅助的首饰设计。JewelCAD是一套专为珠宝工业中的产品设计所开发的概念设计模型建构工具,JewelCAD将Curve模型建构技术完整地引入Windows操作系统中,是一个易学易用、交互性强、建模方便的软件。

JewelCAD是用于珠宝首饰设计/制造的专业化CAD/CAM软件,经过十几年的发展完善,JewelCAD以其高度专业化、高工作效率、简单易学的特点,在欧美、中国香港以及亚洲其他主要珠宝首饰工业发达的地区广泛采用,是业界首选的CAD/CAM软件系统。

现在设计师可以利用计算机设计出任意造型的首饰,计算机首饰设计的起点通常是一幅首饰草图或者一个创意,草图不需要很精致,只要自己能看懂即可,再利用计算机代替铅笔,将草图或者创意用计算机表现出来,如图5-1所示。还可以用快速成型设备将计算机设计出来的作品直接加工成一个蜡模或者树脂模,然后再制成一件成品首饰。

图 5-1

5.2 JewelCAD的特点

JewelCAD是与现代珠宝首饰设计相匹配,具有广阔发展前途的现代珠宝设计软件。对首饰设计而言,JewelCAD比其他三维软件更为专业,它主要有以下的优点。

(1) 操作简单,易学易用。
(2) 界面简洁直观,操作方便。
(3) 灵活高级的建模功能可制造和修改曲线和曲面,强大的建模功能应用于更复杂的设计。
(4) 渲染速度快,能够较为容易地输出高品质的彩图,还可进行多种设计效果图的对比，仿真性强。

（5）JewelCAD 的操作比较适合于首饰变款，能提高设计者的工作效率。

（6）资料库中包含了大量的首饰零部件，易于修改，能激发设计师的创作灵感；减小了操作的复杂程度，提高了工作效率。

（7）布尔运算在 JewelCAD 软件中能够做到简单而高效。

（8）在设计中能方便地计算金重。

（9）JewelCAD 能够在作图和设计方面建立自己的资料库，可以清晰地将设计思想可视化，并能减少重复性工作，节省大量时间。

（10）设计好的文件格式能转换为原型机文件格式，直接制作蜡模。

5.3　JewelCAD 布局

JewelCAD 界面由五部分组成（见图 5-2），分别是标题栏、菜单栏、浮动工具栏、状态栏和绘图区域。

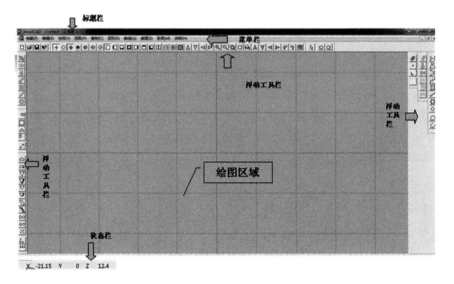

图 5-2

第六章 基 础 练 习

基础练习主要针对初学者进行简单的拼合练习,通过组合资料库中的配件,学习、了解并掌握 JewelCAD 软件的命令操作。

6.1 叶片戒指的制作

要求学生了解资料库的配件位置,掌握简单的【移动】、【尺寸】命令,并通过简单的拼合来掌握知识点。叶片戒指的完成效果图如图 6-1 所示。

图 6-1

6.1.1 戒圈的制作

(1) 打开 JewelCAD 软件(见图 6-2)。

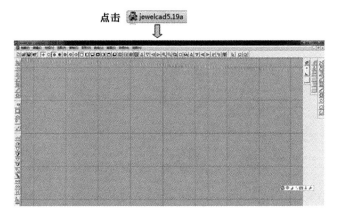

图 6-2

(2) 单击【档案】菜单(见图 6-3)。

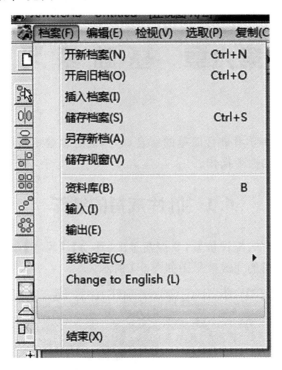

图 6-3

(3) 选择【档案】菜单中的【资料库】(见图 6-4)。

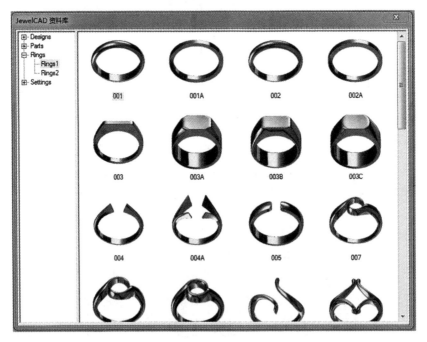

图 6-4

(4) 选择 Rings→Rings1→001A(见图 6-5)。

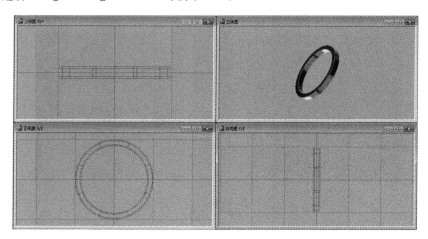

图 6-5

(5) 回到右视图,选择【尺寸】命令。
(6) 选择【尺寸】命令后,单击鼠标右键往右拉(见图 6-6)。

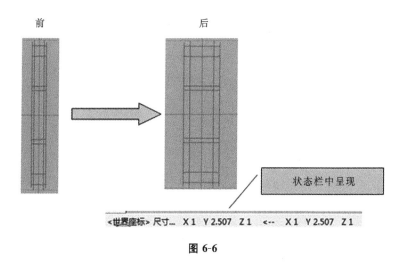

图 6-6

(7) 回到正视图,按【空格】键或单击鼠标右键,将被选中的戒指取消戒圈的操作命令(见图 6-7)。
(8) 转到右视图,从【档案】菜单里选择【资料库】,选择 Rings→Rings1→001(见图 6-8)。
(9) 回到正视图,选择【尺寸】命令,单击鼠标左键,把选中戒指整个放大(见图 6-9)。

6.1.2 叶片的制作

(1) 取消戒指的选中,转到上视图,从【档案】菜单里选择【资料库】,选择 Parts→Parts1→Leaf1(见图 6-10)。
(2) 选择【尺寸】命令,单击鼠标左键,把选中叶片整个缩小(见图 6-11)。

选中　　　　　　　　　　取消

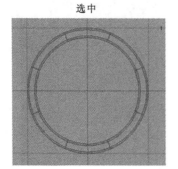

图 6-7

选择前　　　　　　　　选择后

 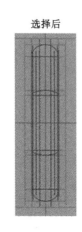

图 6-8

放大前　　　　　　　　放大后

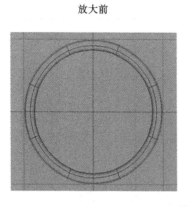 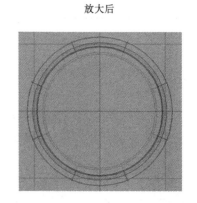

图 6-9

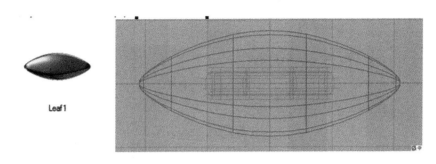

图 6-10

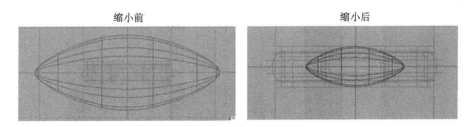

图 6-11

(3) 回到正视图,选择【移动】命令,单击鼠标左键,往上拉,使叶片移到戒指上方(见图 6-12)。

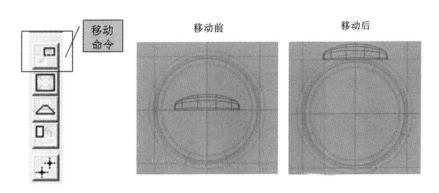

图 6-12

(4) 重新选择【尺寸】命令,在正视图上单击鼠标右键,把叶片拉宽(见图 6-13)。
(5) 取消叶片选中,在上视图中再次从【资料库】中选择叶片(见图 6-14)。
(6) 选择【尺寸】命令,把叶片缩小(见图 6-15)。
(7) 在正视图上选择【移动】命令,把叶片移到戒指上方(见图 6-16)。
(8) 取消叶片选中,点击【光影图】,观察戒指是否完成。

拉宽前   拉宽后

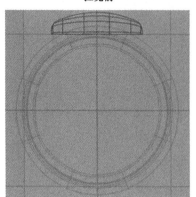 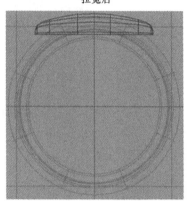

图 6-13

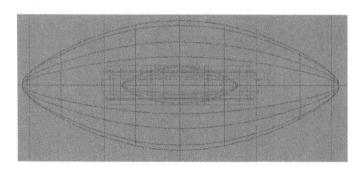

图 6-14

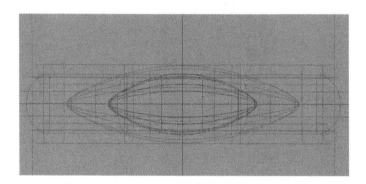

图 6-15

(9) 选择【档案】菜单中的【另存新档】(Jcd 格式),把戒指保存。

(10) 把戒指的保存地址改为桌面,文件名改为"叶片戒指"(见图 6-17)。

(11) 把戒指的视窗转到正右上立视图,并改为光影图,如图 6-18 所示。再把戒指保存

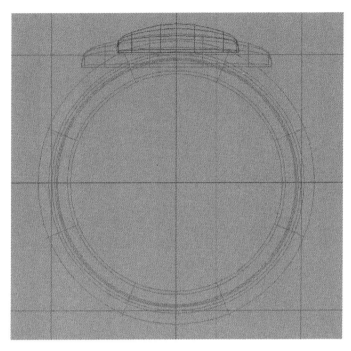

图 6-16

改前　　　　　　　　　　　　　改后

图 6-17

格式改为视窗(bmp)，把保存地址改为桌面，文件名改为|"叶片戒指"。

6.1.3　小结

通过本实例的学习，学生应掌握并巩固以下知识点。

1.【尺寸】命令

【尺寸】命令可将被选中的物件等比例或不等比例（局部）放大或缩小。

选中物体后选择此命令，按住鼠标左键并移动鼠标，物体会等比例缩放；按住鼠标右键并拖动鼠标，物体只在鼠标拖动的方向上（局部）缩放。

选择其他命令，单击选择图标 或按下键盘上的空格键可以退出缩放状态。

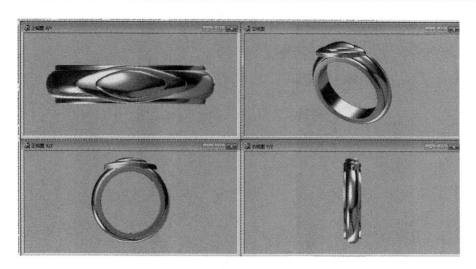

图 6-18

2.【移动】命令

【移动】命令可将被选中的物体移至指定的新位置。

选中物体后选择此命令,按住鼠标左键并移动鼠标,物体则以水平或垂直的方向进行移动;按住鼠标右键并拖动鼠标,则以任意方向移动。

选择其他命令,单击选择图标 或按下键盘上的空格键可以退出移动状态。

6.1.4 加强练习

制作图 6-19 所示的蝴蝶戒指。

图 6-19

(1)组合配件(从【资料库】里寻找):戒指用 rings→ring1→033;配件用蝴蝶(BT-TFLY)、RIPPLE。

(2)存储方式:存储新档(jcd 格式);存储视窗(bmp 格式)。

6.2 球体戒指的制作

要求学生了解资料库的配件位置,掌握基础的【旋转】、【左右复制】命令,并通过简单的拼合来掌握知识点。球体戒指的完成效果图如图 6-20 所示。

图 6-20

6.2.1 戒圈的制作

(1) 在正视图,单击【档案】菜单,选择【档案】菜单中的【资料库】,选择 Rings→Rings1→004A(见图 6-21)。

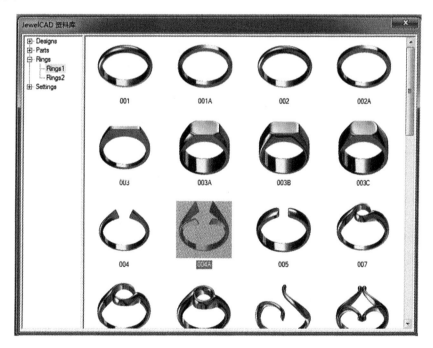

图 6-21

(2) 取消戒指的选中(见图 6-22)。

取消前　　　　　　　　　　　取消后效果

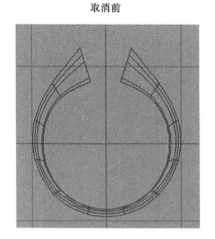
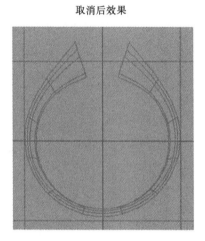

图 6-22

6.2.2　球体的制作

(1) 转到上视图,从【资料库】里选择 Parts→Parts1→Ripplea(见图 6-23)。

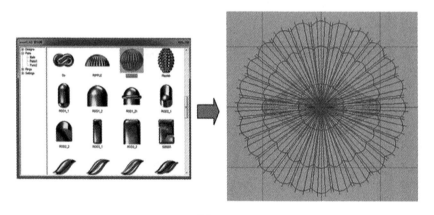

图 6-23

(2) 选择【尺寸】命令,把球体整个缩小,再取消【尺寸】命令(见图 6-24)。
(3) 转到正视图上,选择【移到】命令,把球体移到戒指上方(见图 6-25)。
(4) 单击光影图,在正右上立视图上观察球体摆放的位置是否正确(见图 6-26)。
(5) 回到普通线图,选择【左右复制】命令,复制球体(见图 6-27)。
(6) 取消球体的选中(见图 6-28)。
(7) 转到上视图,从【资料库】里选择 Parts→Parts1→Leaf1(见图 6-29)。
(8) 选择【旋转】命令,单击鼠标左键往下拉,把叶片变成竖的造型(见图 6-30)。

缩小前

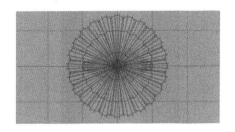

缩小后

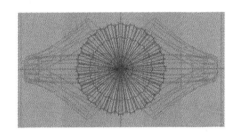

图 6-24

移动前   移动后

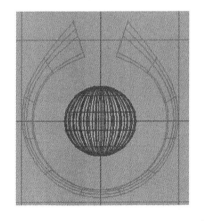 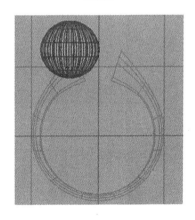

图 6-25

(9) 选择【尺寸】命令,把叶片缩小(见图 6-31)。

(10) 回到正视图,选择【移动】命令,把叶片移到戒指上方(见图 6-32)。

(11) 在正视图上,取消【移动】命令,选择【尺寸】命令,局部把叶片的高度缩小(见图 6-33)。

(12) 在正视图上,取消【尺寸】命令,选择【移动】命令,把叶片移回原来位置(见图 6-34)。

(13) 转到右视图,取消【移动】命令,选择【尺寸】命令,把叶片的长度局部拉长(见图 6-35)。

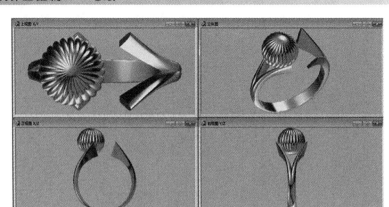

图 6-26

复制前　　　　　　　　　　　复制后

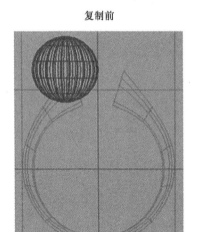

图 6-27

取消前　　　　　　　　　　　取消后

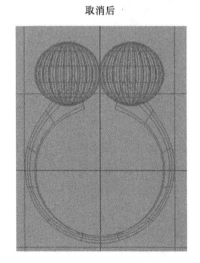

图 6-28

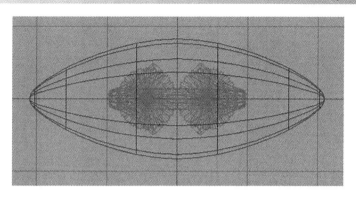

图 6-29

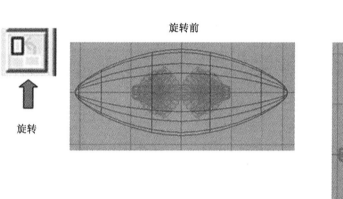
旋转前　　　　　　　　旋转后

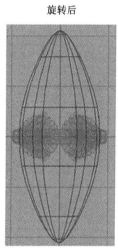
旋转

图 6-30

缩小前　　　　　　　　缩小后

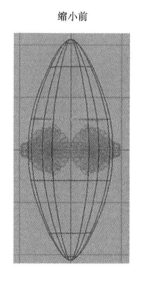
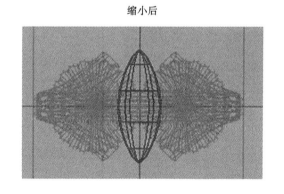

图 6-31

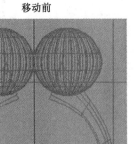

图 6-32

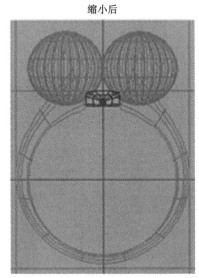

图 6-33

(14) 取消叶片的选中,点击【光影图】,观察戒指是否完成(见图 6-36)。

(15) 把戒指保存成档案(jcd 格式)与视窗(bmp 格式),提交作业。

6.2.3 小结

通过本实例的学习,学生应掌握并巩固以下知识点。

1.【左右复制】命令

【左右复制】命令是将选中的对象以纵轴为对称轴,左右对称复制。

移动前　　　　　　　　　　　　　移动后

 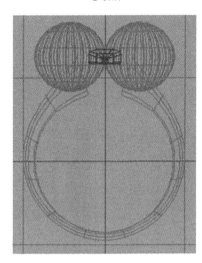

图 6-34

拉长前　　　　　　　　　　　　　拉长后

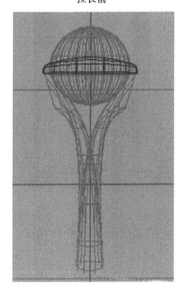 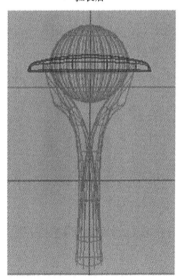

图 6-35

2.【旋转】命令

【旋转】命令是以原点为中心,在视图中,将被选中的物体顺时针或逆时针进行旋转,改变物体的方向。

6.2.4　加强练习

制作图 6-37 所示的 S 形戒指。

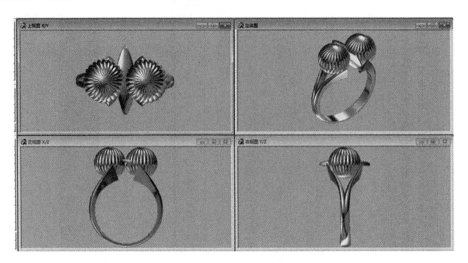

图 6-36

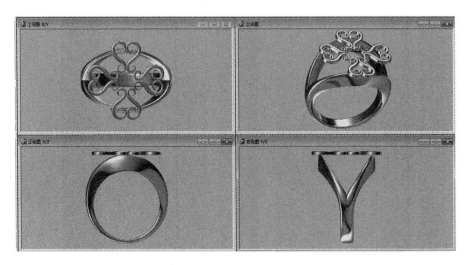

图 6-37

（1）组合配件（从【资料库】里寻找）：戒指用 Rings→Ring1→025；配件用 Parts→Parts1→Coil。

（2）使用【尺寸】、【移动】、【左右复制】、【环形复制】等命令。

（3）拓展知识。

【环形复制】命令是以中心点为中心，进行环形的多重复制。

使用该命令时，先选择要复制的对象，再选择该命令，会弹出【环形】对话框。对话框内有【数目】、【角度】、【全方位】、【顺时针】等选项。

- 数目：表示复制后的对象数目，包括原来的对象在内，其数值至少为 2。
- 角度：用来确定最终各个复制件与原件之间的距离。
- 全方位：选择该项后，复制后的对象均匀分布在一个圆周上，即数目×角度＝360°。
- 顺时针：表示复制的对象按顺时针方向排列。

6.3 球体的制作

要求学生了解资料库的配件位置,掌握【弯曲(双向)】、【环形复制】命令,并通过简单的拼合来掌握知识点。球体的完成效果图如图 6-38 所示。

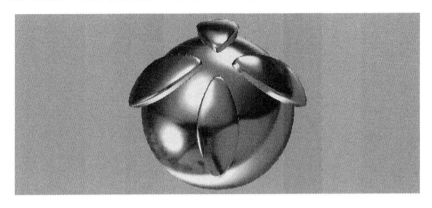

图 6-38

6.3.1 球体的制作

(1) 在正视图,从曲面点击球体曲面,导出球体(见图 6-39)。

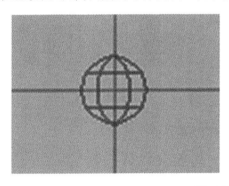
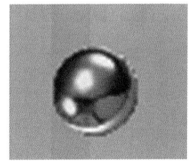

图 6-39

(2) 选择【尺寸】命令,把球体放大(见图 6-40)。
(3) 在上视图,从【档案】的【资料库】里导出 Parts→Parts1→Leaf1(见图 6-41)。
(4) 选择【尺寸】命令,单击鼠标左键,并拖动鼠标,把叶片缩小到所要大小(见图 6-42)。
(5) 在右视图,选择【移动】命令,把叶片往上拉(见图 6-43)。
(6) 在右视图,选择【尺寸】命令,在绘图区域单击鼠标右键往下拉,把图样厚度拉小。
(7) 在正视图,选择【弯曲(双向)】命令,使叶片弯曲(见图 6-44)。
(8) 再选择【尺寸】命令,缩小到所要大小(见图 6-45)。
(9) 选择【移动】命令,把叶片移动到球体上面(见图 6-46)。
(10) 再选择【旋转】命令,把叶片转到正确位置(见图 6-47)。

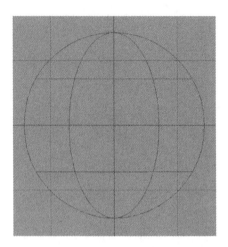

图 6-40

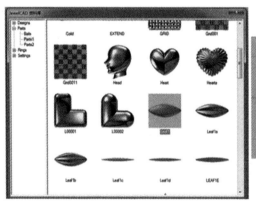
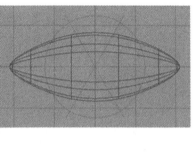

图 6-41

缩小前　　　　　　　　　　　　　缩小后

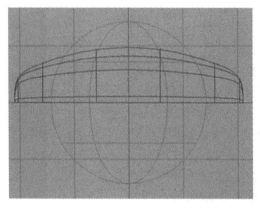
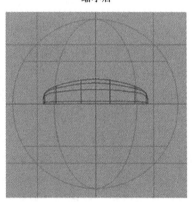

图 6-42

移动前　　　　　　　　　　　　移动后

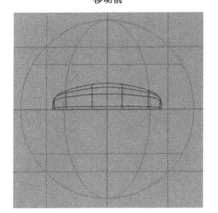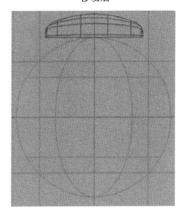

图 6-43

弯曲前　　　　　　　　　　　　弯曲后

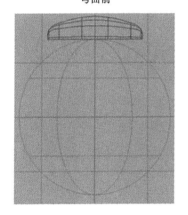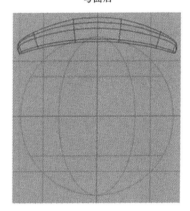

图 6-44

缩小前　　　　　　　　　　　　缩小后

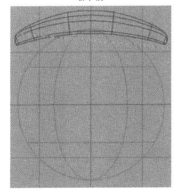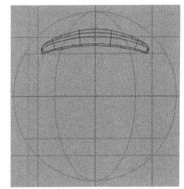

图 6-45

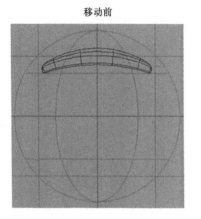

图 6-46

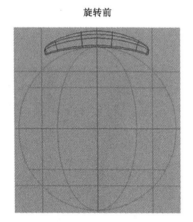
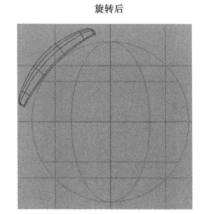

图 6-47

（11）在上视图，选择【环形复制】命令，复制出同样的图形，最后戒指完成（见图 6-48）。

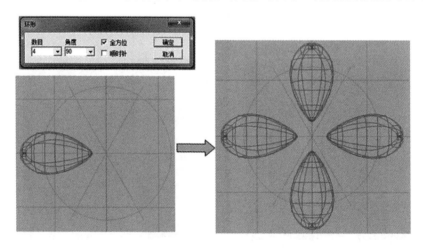

图 6-48

(12) 把球体保存成档案与视窗,提交作业。

6.3.2　小结

通过本实例的学习,学生应掌握并巩固以下知识点。

1.【弯曲】命令

【弯曲】命令可将被选中的物体进行弯曲化。

2.【弯曲(双向)】命令

【弯曲(双向)】命令也可将被选中的物体进行弯曲化,与【弯曲】命令不同的是它可以产生双向变化。除了横向或纵向弯曲,同时还可在进出方向也产生弯曲变形。

6.3.3　加强练习

制作图 6-49 所示的花朵图形。

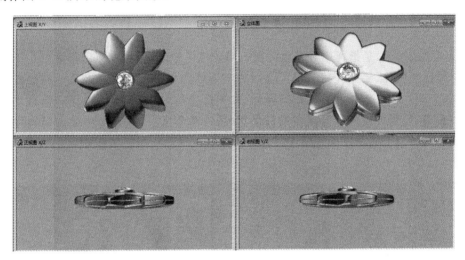

图 6-49

(1) 组合配件(从资料库里寻找):戒指用 Parts→Parts1→Leaf1;配件用 Settings→Round1→Rnd00003。

(2) 使用【移动】、【尺寸】、【环形复制】、【上下复制】等命令。

(3) 拓展知识。

【环形复制】命令是以中心点为中心,进行环形的多重复制。

使用该命令时,先选择要复制的对象,再选择该命令,会弹出【环形】对话框。对话框内有【数目】、【角度】、【全方位】、【顺时针】等选项。

- 数目:表示复制后的对象数目,包括原来的对象在内,其数值至少为 2。
- 角度:用来确定最终各个复制件与原件之间的距离。
- 全方位:选择该项后,复制后的对象均匀分布在一个圆周上,即数目×角度=360°。
- 顺时针:表示复制的对象按顺时针方向排列。

第七章 配件的制作

首饰的配件是首饰的重要组成部分,包括镶口、胸针的背针、吊坠的瓜子扣、耳钉的耳背以及链饰的环扣等。注重细节的设计师们往往很注意这些配件的设计,使得一些作品的配件成为画龙点睛之处。本章我们就通过几个实例来介绍如何利用JewelCAD制作首饰的配件。

7.1 包镶镶口的制作

包镶又称包边镶,是指利用贵金属将宝石周边包住的镶嵌方法,即用贵金属边把钻石的腰部以下封在金属托(架)之内,利用贵金属的坚固性防止钻石脱落。这是一种比较牢固和传统的镶嵌方式,它充分展示了钻石的亮光、光彩的内敛、平和端庄的气质。根据宝石腰部被包裹的多少,包镶可分为全包镶和半包镶;根据包镶的宝石琢型,又可分为刻面宝石包镶和弧面宝石包镶。下面就详细介绍一下如何利用JewelCAD制作包镶镶口。包镶的完成效果图如图7-1所示。

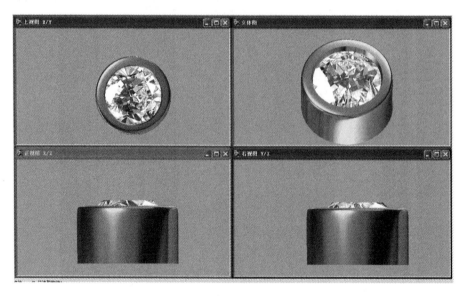

图 7-1

7.1.1 包镶镶口的制作

(1) 从【杂项】中选择宝石,再选择宝石尺寸,将数值设置为"10",单位设置为"mm",然后单击【确定】按钮(见图 7-2)。

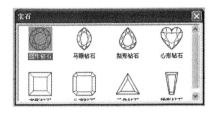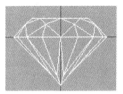

图 7-2

(2) 选择【任意曲线】命令,画出两条切面曲线(见图 7-3)。

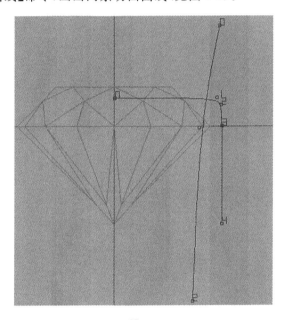

图 7-3

(3) 选择【纵向环形曲面】命令,在【环形】对话框中设置参数(见图 7-4)。
(4) 制作"相减布林体",包镶镶口完成(见图 7-5)。

7.1.2 小结

通过本实例的学习,学生应掌握并巩固以下知识点。

1.【任意曲线】命令

【任意曲线】命令用来绘制任意形状的曲线。它通过生成和修改控制点来完成对曲线的控制。它的操作效果与鼠标的控制方法如下。

(1) 生成控制点:单击左键。
(2) 移动控制点:按住左键并拖动鼠标。
(3) 删除控制点:同时单击左键和右键。
(4) 生成多重点:双击左键。
(5) 确定完成曲线:按空格键。

图 7-4

图 7-5

2.【纵向环形曲面】命令

【纵向环形曲面】命令可以把被选取的曲线沿着当前视图的垂直轴以环形路径扫成曲面。选择此命令后,会弹出【环形】对话框。

该对话框中的命令及功能如下。

(1) 数目:用于生成旋转曲面的截面数,最小值为 2。

(2) 角度:用来确定各个截面的间距,在环形对称曲面中,各个截面的间隔是以角度区分的。

(3) 全方位:在此选项被选中时,【数目】和【角度】这两个选项会被自动设置,使得两者之积为360°。此项设置为缺省设置。

(4) 顺时针：在缺省状态下，物体的复制件是以逆时针方向排列的，如果选中此选项，则以顺时针的方向排列。

除了在对话框中设置各个参数外，用户也可以回到视图内自行设置。移动鼠标至某个视图中，按住鼠标左键，拖出一个角度，则对话框中角度和数目就会被设置出来。根据用户移动鼠标的方向，顺时针或逆时针也会被相应设置。

3.【相减布林体】命令

"布林体"就是布尔运算，是英国数学家制定的一套逻辑数学计算方法，用来表示两个数值相结合的所有结果，也就是数学中的集合，在JewelCAD中被称为"布林体"。

"相减布林体"：将一个物体A减去另一个物体B后，物体A中剩下的部分作为新的布林体。在使用这个命令时，要先将被减物体B选中，然后再选择【相减布林体】命令，接下来再选择物体A，而后形成的部分为"相减布林体"。

7.2　耳钉和耳背制作

耳饰分为耳钉、耳环、耳坠、耳钳等四类，其中耳钉和耳坠常常使用耳针来与耳朵连接，利用耳背（又称为云头）来固定。利用JewelCAD可以很容易地制作出耳钉和耳背。在使用JewelCAD设计耳饰时，可以直接从资料库中调用配件，这样可以节省大量的时间，也可以根据需要自己制作有特色的耳背和耳钉。本节就来介绍如何利用JewelCAD制作基本的耳钉和耳背。耳钉和耳背的完成效果图如图7-6所示。

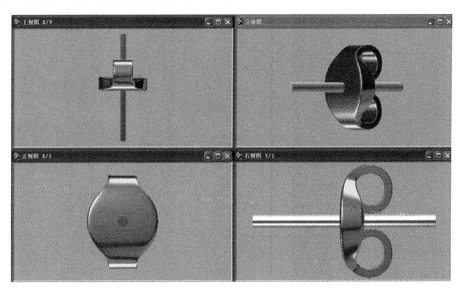

图 7-6

7.2.1　耳背的制作

(1) 在右视图，选择【上下对称线】命令，画出导轨线（见图7-7）。

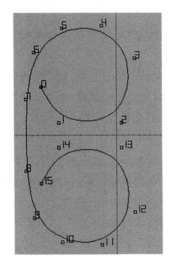

图 7-7

（2）不要取消曲线的选中,转到正视图,选中 7、8 两点来调整曲线的形状（见图 7-8）。

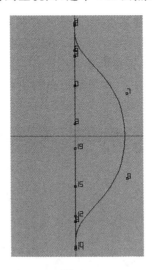

图 7-8

（3）在正视图,选择【移动】命令,把曲线向右移动 3 mm（见图 7-9）。
（4）选择【左右复制】命令,使曲线以 Y 轴为中心,进行左右镜像完成复制（见图 7-10）。
（5）取消曲线的选中（见图 7-11）。
（6）在正视图,选择【上下左右对称线】命令,画出切面（见图 7-12）。
（7）点击导轨曲面,确定相应数值,点击步骤为,先左右再切面（见图 7-13）。

7.2.2 耳钉的制作

（1）在右视图,选择【任意曲线】命令,画出直线（见图 7-14）。
（2）选择【管状曲面】命令,设定相对应数值,选择【圆形切面】命令,制作出耳针（见图 7-15）。

移动前　　　　　　　　　　　　移动后

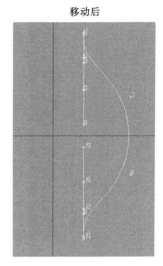

图 7-9

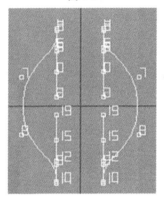

图 7-10

取消前　　　　　　　　　　　　取消后

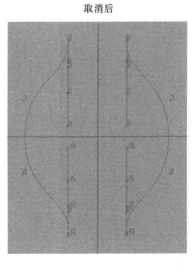

图 7-11

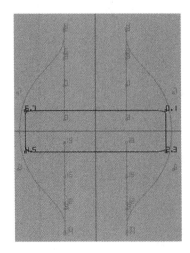

图 7-12

图 7-13

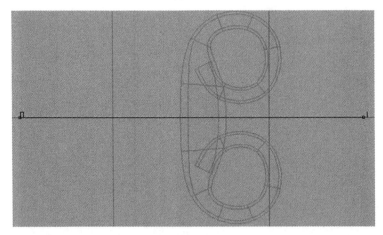

图 7-14

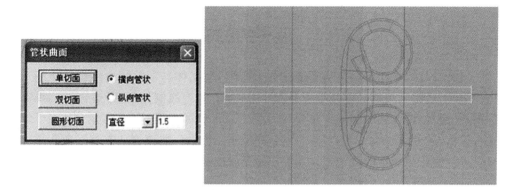

图 7-15

（3）完成耳背和耳针的制作（见图 7-16）。

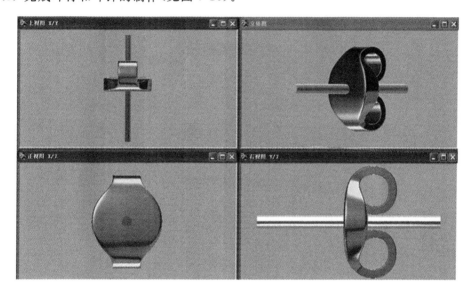

图 7-16

7.2.3 小结

通过本实例的学习，学生应掌握并巩固以下知识点。

1.【上下对称线】命令

【上下对称线】命令可以画出上下对称的曲线。进入上下对称线的绘制状态后，其具体操作类似【任意曲线】的绘制，不同的是用户生成的曲线是以当前视图的水平轴作为对称轴，生成的控制点上下对称。

2.【导轨曲面】命令

【导轨曲面】命令是 JewelCAD 中应用最广泛的命令。它的原理是一个切面或者几个切面沿着一条导轨（曲线）或者几条导轨扫成的曲面。

3.【管状曲面】命令

【管状曲面】命令可以将被选取的曲线作为路径，将其做成与切面一致的管子一样的曲面。

7.3 瓜子扣的制作

"瓜子扣"是带瓜子扣的吊坠的重要配件,它是吊坠主体与项链的连接物。带瓜子扣的吊坠结构简单,吊坠与项链的连接处容易加工,并能有效地控制用金量,适合于一些青年人对首饰简洁、明快、低价格的需求。在设计时除了对吊坠的主体部分的设计外,还可以对瓜子扣进行设计,改变瓜子扣的形状,甚至可以在瓜子扣上做一些镶嵌。本节就来介绍如何利用 JewelCAD 制作最基本的瓜子扣。瓜子扣的完成效果图如图 7-17 所示。

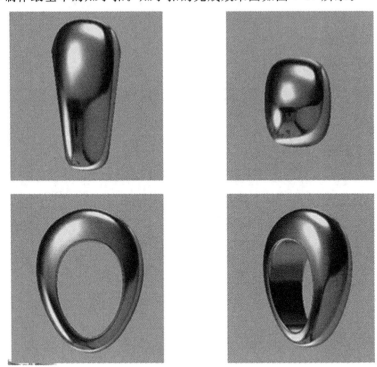

图 7-17

7.3.1 瓜子扣的制作

(1) 在右视图,点击要左、右对称的曲线,利用【左右对称线】命令和【封口曲线】命令,画出所要曲线(见图 7-18)。

(2) 与上面的操作步骤一样,在右视图上,点击要左、右对称的曲线,利用【左右对称线】命令和【封口曲线】命令,画出另外一条较小曲线(见图 7-19)。

(3) 在正视图,点击【任意曲线】,画出一条倾斜的直线,将该直线的控制 0 点放在下方(见图 7-20)。

(4) 回到右视图,将所画直线的长度调整为与里面的导轨曲线的高度一致(见图7-21)。

(5) 为了保证映射效果,将新画的直线选中,点击【曲线】菜单,选择【增加控制点】命令,将"增加倍数"设置为10(见图 7-22)。

(6) 在右视图,选中小椭圆导轨曲线,然后转到正视图,点击【变形】菜单,选择【曲面/

第七章 配件的制作 | 33

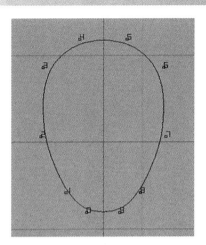

图 7-18

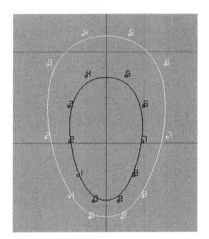

图 7-19

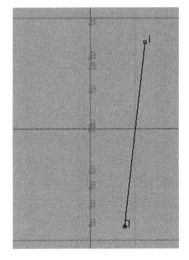

图 7-20

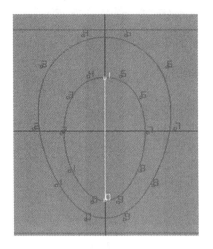

图 7-21

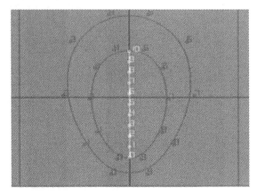

图 7-22

线 映射】命令,选择【自动探测映射方向及范围】和【平均映射在曲线上】选项,再选中【映射在单一的曲线或曲面上】,然后单击【确定】按钮(见图 7-23)。

(7) 进入【曲面/线 映射】工作状态后,根据状态栏的提示,单击前面步骤中制作的直线作为被映射的曲线,选中后的曲线变为红色(见图 7-24)。

(8) 点击键盘上的 Delete 键将直线取消,将小的导轨曲线选中,选择【左右复制】命令,以 Y 轴为中心,对称复制此条导轨曲线(见图 7-25)。

(9) 选择【左右对称】和【封口曲线】命令,绘制出切面曲线(见图 7-26)。

(10) 选择【导轨曲面】命令,在【导轨】选项处选择【三导轨】;在【切面】选项处选择【单切面】;在【切面量度】处选择第一列第一个按钮,最后单击【确定】按钮(见图 7-27)。

(11) 按照状态栏中的提示,先选择左边导轨,再选择右边导轨,接着选择中间的导轨,被选中的导轨曲线会变成红色,最后选择切面曲线,完成瓜子扣的制作(见图 7-28)。

7.3.2 小结

通过本实例的学习,学生应掌握并巩固以下知识点。

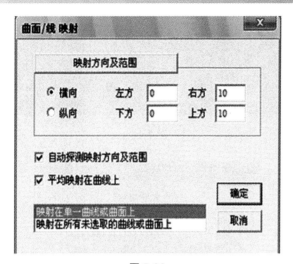

图 7-23

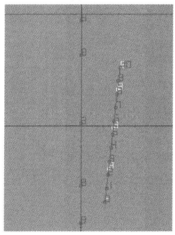

图 7-24

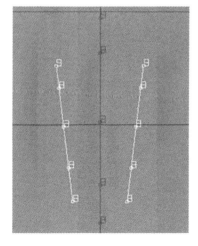

图 7-25

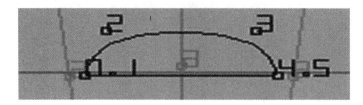

图 7-26

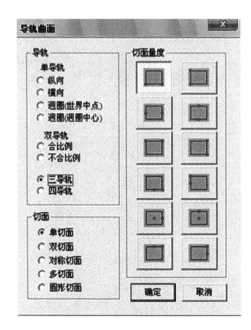

图 7-27

图 7-28

1.【左右对称线】命令

【左右对称线】命令可以画出左右对称的曲线。进入左右对称线的绘制状态后,其具体操作类似【任意曲线】的绘制,不同的是用户生成的曲线是以当前视图的垂直轴作为对称轴,生成的控制点左右对称。

2.【增加控制点】命令

为保持曲线的形状,有时必须将控制点变成多重点,以使得曲线的每一段都可以被分成相同数量的更小的线段。【增加控制点】命令可以将被选取的曲线增加 CV 点的数目。

3.【曲面/线　映射】命令

【曲面/线　映射】命令可将被选中的物体映射到曲线或曲面上,从而产生变形。映射其实是将一个物体分布到另一个物体上去。

7.4　爪镶镶口的制作

爪镶是商业款首饰中最常见的镶嵌方式,这种镶嵌方式用金量小、透光性好、容易加工。在首饰设计中,镶嵌类的首饰占了较高的比例,因此对宝石镶口的设计也就成了设计师设计的主要内容之一,这种对细节的把握往往能够起到画龙点睛的作用。本节就来介绍一下如何利用 JewelCAD 制作六爪镶的宝石镶口。爪镶镶口的完成效果图如图 7-29 所示。

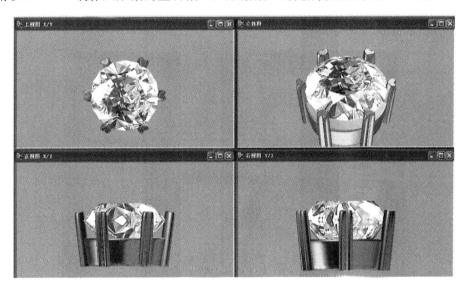

图 7-29

7.4.1　爪镶镶口的制作

(1) 从【杂项】中选择宝石,再选择宝石的形状和尺寸,将数值设置为"6",单位设置为"mm",然后单击【确定】按钮(见图 7-30)。

(2) 选择【任意曲线】命令,画出切面(见图 7-31)。

(3) 选择【纵向环形曲面】命令,在【环形】对话框中设置参数(见图 7-32)。

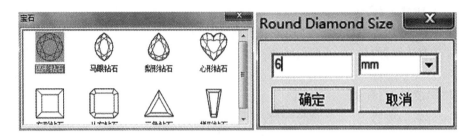

图 7-30

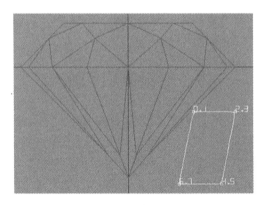

图 7-31

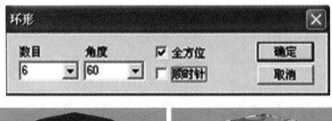

图 7-32

（4）选择【任意曲线】、【左右对称线】和【封口曲线】命令，画出导轨线（见图 7-33）。

（5）选择【导轨曲面】命令，在【导轨曲面】对话框中设置参数，按照先导轨线再切面的顺序，导出爪（见图 7-34）。

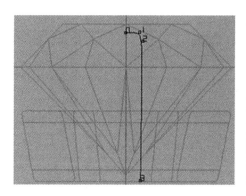 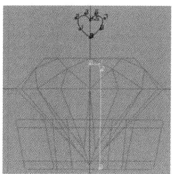

图 7-33

 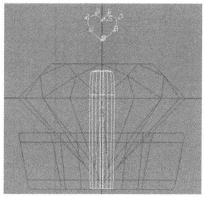

图 7-34

（6）在上视图，选择【旋转】命令，使爪旋转 90°（见图 7-35）。

 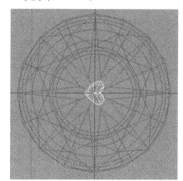

旋转前　　　　　　　　　　　　　旋转后

图 7-35

（7）在右视图，画出辅助线，选择【映射】命令，把爪放到边上（见图 7-36）。

（8）选择【展示 CV 点】命令，在【选取】功能中选中【选点】，选中底部 CV 点，调整底部位置（见图 7-37）。

（9）选择【任意曲线】命令，先画出辅助线，并增加其控制点（见图 7-38）。

（10）选择【投影】命令，在【曲面/线　投影】对话框中设置参数，调整爪的底部位置（见

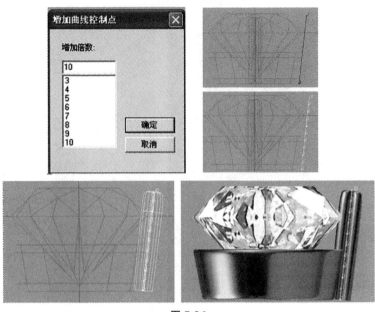

图 7-36

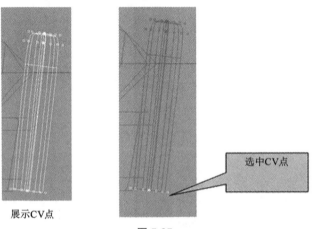

图 7-37

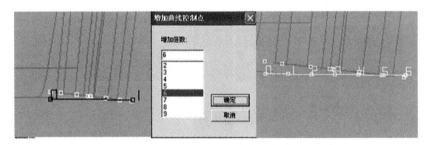

图 7-38

图 7-39)。

(11) 隐藏 CV 点(见图 7-40)。

(12) 选择【环形复制】命令,在【环形】对话框中修改数据,最后选择【联集布林体】,完成

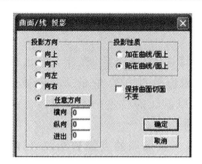
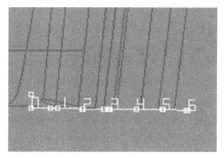

图 7-39

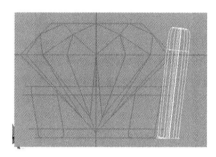

图 7-40

爪镶镶口的制作(见图 7-41)。

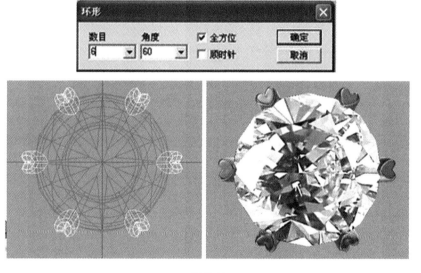

图 7-41

7.4.2 小结

通过本实例的学习,学生应掌握并巩固以下知识点。

1.【纵向环形曲面】命令

【纵向环形曲面】命令可以把被选取的曲线沿着当前视图的垂直轴以环形路径扫成

曲面。

2.【选点】命令

【选点】命令是选取曲线或曲面的 CV 点。选择【选点】命令后，光标处会出现一个方形的点，用来提示用户现在系统处于选点状态。对于未选取的物体，它的所有未被选取的点都是以与物体相同的颜色来显示，处于选中状态的点以默认的白色的方框显示。进入选点状态后，JewelCAD 中有以下三种方式用来选择物体的点。

（1）按住鼠标左键，拉出一个矩形，则在矩形内未被选取的点都被选取，已经处于选取状态的点则变为未选取状态。

（2）按下 Ctrl 键，按住鼠标左键画出一个任意形状，则在其内的未选取的点都会被选取，已经处于选取状态的点则变回未选取状态。

（3）在视图内的空白处右击，可取消所有点的状态。

在【选取物体】的模式下，用户可以改变物体控制点的选取状态。只要按下 Shift 键，就进入"选点"状态，其他操作与选点相同。【选点】命令在对一些曲线的变形操作中应用得非常广泛。

3.【曲面/线　映射】命令

【曲面/线　映射】命令可将被选中的物体映射到曲线或曲面上，从而产生变形。映射其实是将一个物体分布到另一个物体上去。

4.【曲面/线　投影】命令

【曲面/线　投影】命令是将被选中的物体投影到曲线或曲面上，从而产生变形。

第八章 素金戒指的设计与制作

戒指是爱情和婚姻的象征,由于佩戴方便,所以它也是市场上销售量最大的首饰之一。因为戒指在佩戴时与手指直接接触,因此设计戒指时需要考虑佩戴是否舒适,尤其是戒指两侧与手指接触的金属壁不能太厚。

8.1 曲面戒指的制作

曲面戒指是利用线面连接曲面制作而成的。在制作过程中,要考虑每个切面的控制点形状以及控制点数。同时应该注意的是,此款戒指的设计线条比较流畅,过渡自然,在用金量上相对多一些。该实例的完成效果图如图8-1所示。

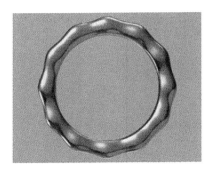
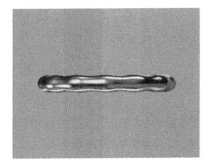
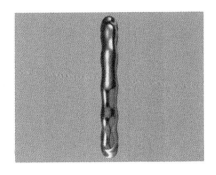

图 8-1

8.1.1 切面的制作

(1) 在右视图,选择【左右对称线】命令,绘制曲线(见图8-2)。

(2)再选择【封口曲线】命令,将曲线封闭(见图8-3)。

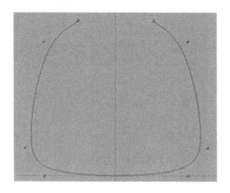

图 8-2

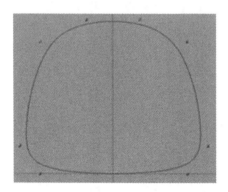

图 8-3

(3)选择【复制】菜单中的【隐藏复制】命令,将绘制好的曲线隐藏复制。
(4)选择【尺寸】命令,将曲线缩小。
(5)在【编辑】菜单里选择【不隐藏】命令,使刚才隐藏的曲线显示出来(见图8-4)。

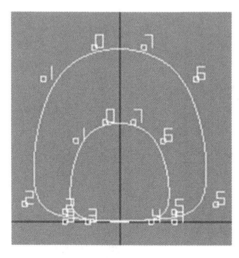

图 8-4

(6) 选择两条曲线,选择【变形】菜单中的【多重变形】命令,精确移动两条处于选中状态的曲线。设置横向移动值为0,纵向移动值为15,单击"确定"按钮(见图8-5)。

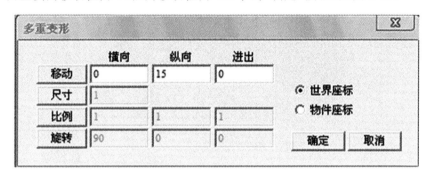

图 8-5

(7) 取消较大的曲线的被选中状态。

(8) 在正视图,再选择【变形】菜单中的【多重变形】命令,对选中的较小曲线进行精确变形。设置横向旋转值为0,进出旋转值为15(见图8-6)。

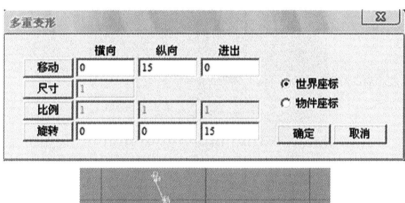

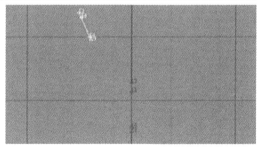

图 8-6

(9) 选择【移动】命令,把较小的曲线移到与较大的曲线同样的横向位置(见图8-7)。

(10) 再次选中两条曲线,选择【环形复制】命令,设置数目为12,单击"确定"按钮,复制曲线(见图8-8)。

8.1.2 曲面戒指的制作

(1) 选择【线面曲线连接】命令,依次点选曲线,在点选最后曲线以后,单击"确定"按钮,可以看到曲线没有被封闭(见图8-9)。

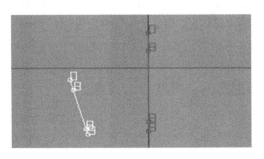

图 8-7

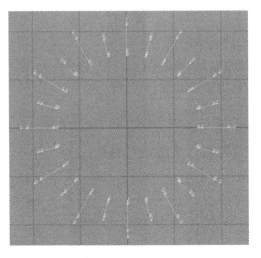

图 8-8

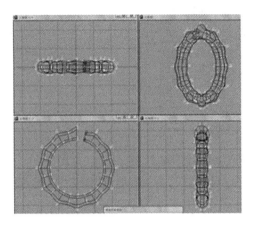 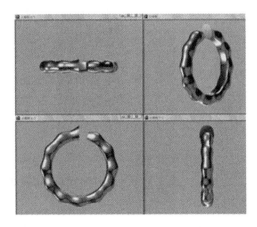

图 8-9

（2）选择【曲面】菜单中的【封口曲面】命令，将曲面封闭，最后完成戒指的制作（见图8-10）。

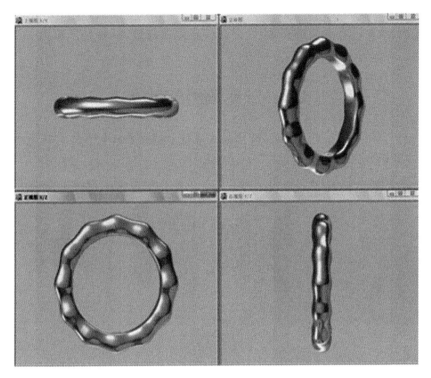

图 8-10

8.1.3 小结

通过本实例的学习,学生应掌握并巩固以下知识点。

1.【隐藏复制】命令

【隐藏复制】命令可对选中的物体进行复制,并将复制后的复制件隐藏。

2.【多重变形】命令

【多重变形】命令可以在【多重变形】对话框中同时设置物体的位置、大小和方向,使它产生变化。选取物体后,选择此命令,就可以调出【多重变形】对话框。

对话框中有【移动】、【尺寸】、【比例】、【旋转】等选项。选中某一个操作之后,用户可以在其后的数值栏中分别输入希望在水平、垂直、进出轴产生变形的相应的值,还可以确定物体变化的基准:世界坐标系或物体坐标系。在【多重变形】对话框中,用户还可以确定多种操作的组合,如移动+旋转,尺寸+移动+旋转等,物体就会形成多重变化。但有的命令是无法与其他命令同时使用的,如尺寸与比例。

3.【线面曲面连接】命令

此命令可以将被选取的曲线生成一个新的曲面,也可以收集视图中被选取的曲面,将它们连接成一个新的曲面。使用这个命令时要注意,用户选取的曲线与曲面彼此必须相互匹配,匹配的具体要求是:

(1) 曲线以及所有曲面的 V 曲线必须有相同数量的控制点;

(2) 曲线以及所有曲面的 V 曲线必须都是开口或都是闭口的。

4.【封口曲面】命令

【封口曲面】命令可将开口曲面的 U 方向的全部曲线封闭,并且再造出一个新的封闭曲面。

8.2 三环戒指的制作

此款戒指将方形和圆形进行搭配,使作品在形状上摆脱了素金饰品的单调,使其更加丰富有变化。本实例的完成效果图如图 8-11 所示。

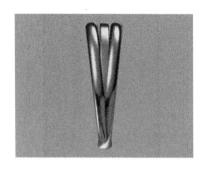

图 8-11

8.2.1 圆形戒圈的制作

(1) 在正视图上点击圆形,将直径设置为 12,控制点数设置为 6,然后单击"确定"按钮。

(2) 再重新点击圆形,将直径设置为 1,单击"确定"按钮。再选择【尺寸】命令。单击鼠标右键,将曲线拉扁(见图 8-12)。

(3) 点击大圆,选择【管状曲面】命令,选择"横向管状",默认直径数值,单击"单切面"按钮,选择小圆,生成戒圈(见图 8-13)。

(4) 在右视图,选择【旋转】命令,调整角度,再选择【移动】命令,调整位置。

(5) 选择【左右复制】命令,复制出物件。为了方便后面的制作,选中物件,选择【联集】命令,然后选择【编辑】菜单中的【隐藏】命令。

(6) 重新回到正视图,选择圆形,将直径设置为 12,控制点数设置为 6,然后单击"确定"按钮(见图 8-14)。

第八章　素金戒指的设计与制作 | 49

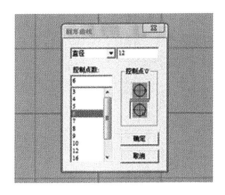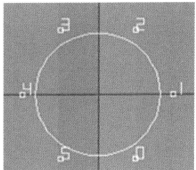

图 8-12

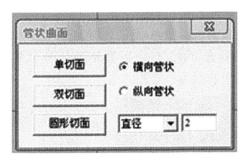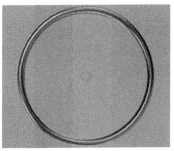

图 8-13

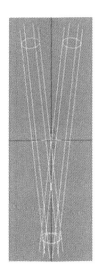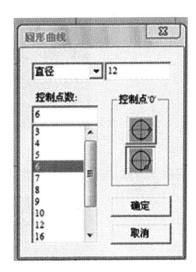

图 8-14

8.2.2　方形戒圈的制作

（1）下面做中间素圈的切面。选中制作圆形戒圈时所用的小圆切面，点击【曲线】菜单，选择【修改】命令上的【上下左右对称线】命令。

（2）按着【Shift】键，在要修改的曲线处单击鼠标左键，直接进入修改曲线状态。通过改变控制点位置,将其调整成近似方形(见图 8-15)。

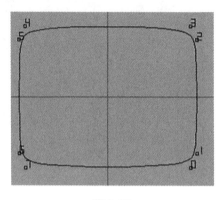

图 8-15

(3)按照前面素圈的制作方法,先把前面的戒圈隐藏,重新选择大圆为"管状曲面"的轨道,选择【管状曲面】命令,选择"横向管状",设置切面直径为 2,单击"单切面"按钮,完成所需要的素圈(见图 8-16)。

图 8-16

(4)最后取消隐藏,完成戒指的制作,调整位置保存(见图 8-17)。

图 8-17

8.2.3 小结

通过本实例的学习,学生应掌握并巩固以下知识点。

1.【管状曲面】命令

【管状曲面】命令可以将被选取的曲线作为路径,将其做成与切面一致的像管子一样的曲面。

2.【上下左右对称线】命令

【上下左右对称线】命令是创建上、下、左、右同时对称的曲线。选择此命令后用户进入上下左右对称线的绘制状态,其具体操作类似【任意曲线】的绘制,不同的是用户生成的曲线是封闭的,它是同时以当前视图中的垂直轴与水平轴作为对称轴,生成上下左右对称线。

3.【旋转】命令

【旋转】命令可以将立体图顺时针或逆时针进行旋转。其中【转左】命令是逆时针旋转,【转右】命令是顺时针旋转。快捷操作方法是按住【Tab+Ctrl】键后再单击鼠标右键,Jewel-CAD 自动进入旋转状态。

8.3 男士戒指的制作

此款戒指是利用 3 条导轨曲线、两个切面曲线制作而成的。在制作过程中,要考虑每条导轨的每个控制点的切面形状。同时应该注意的是,男士戒指的设计在线条上比较简单,以直线、直角为主,在用金量上可以相对多一些。该实例的完成效果图如图 8-18 所示。

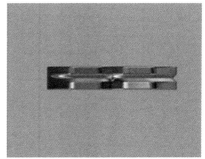
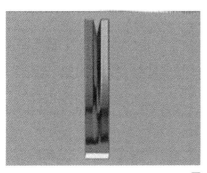
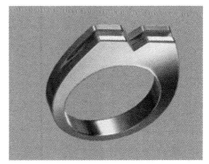

图 8-18

8.3.1 男士戒指的制作

(1) 在正视图上点击圆形，将直径设置为10，控制点数设置为10，然后单击"确定"按钮（见图8-19）。

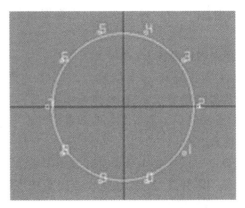

图 8-19

(2) 选择【变形】菜单中的【多重变形】命令，将"移动"选项中的"纵向"设置为0.8，"横向"、"进出"均设置为0；"尺寸"设置为1.3；"比例"均设置为1；将"复制数目"设置为2；选择"世界坐标"；单击"确定"按钮（见图8-20）。

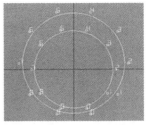

图 8-20

(3) 将新复制的圆形曲线修改成所需要的导轨曲线形状，点击【曲线】菜单，选择【修改】命令中的【左右对称线】命令，然后在要修改的曲线处单击鼠标左键，则曲线变为蓝色，进入修改状态。

(4) 进入修改状态的曲线在操作上与制作曲线的一样，可以单击鼠标左键，为其添加控制点，也可以同时单击鼠标左键和右键删除控制点，修改好的曲线为制作导轨曲面中的一条导轨（见图8-21）。

(5) 点击圆形，将"直径"设置为10，"控制点数"设置为20，"控制点0"的位置选择控制点在X轴下面，单击"确定"按钮。

(6) 与前面步骤一样，对新创建的圆形曲线进行修改。点击【曲线】菜单，选择【修改】命令中的【左右对称线】命令。在要修改的圆形曲线处单击鼠标左键，进入修改状态后，移动曲线上的控制点，将该圆形曲线上的控制点分别与之前制作的导轨曲线上的控制点的位置一一对应（见图8-22）。

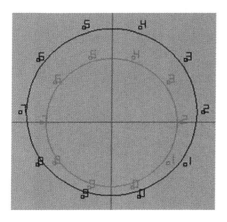 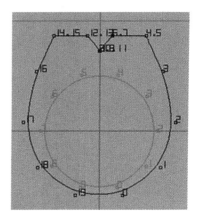

图 8-21

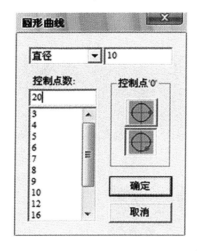 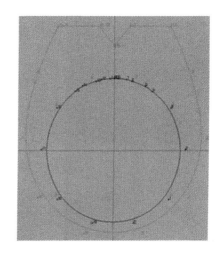

图 8-22

(7) 在右视图，选中修改好的导轨曲线，选择【移动】命令，将曲线向右移动，该曲线与 Y 轴的距离就是所形成的戒指宽度的一半。选择【左右复制】命令，以 Y 轴为中心，对称复制出另一条导轨曲线（见图 8-23）。

(8) 在止视图，选择【左右对称线】命令，并结合【封口曲线】命令，做出两个切面曲线（见图 8-24）。

(9) 点击从各个角度观察制作好的 3 条导轨曲线和两条切面曲线，调整以至可以观察到每一条曲线的位置（见图 8-25）。

(10) 选择【导轨曲面】命令，弹出【导轨曲面】对话框，在"导轨"处选择"三导轨"；"切面"选择"多切面"；"切面量度"选择第一列第一个按钮，然后单击"确定"按钮。

(11) 进入【导轨曲面】制作状态后，按照黑板上的控制点和对应切面完成操作，生成所需要的导轨曲面（见图 8-26）。

8.3.2 小结

通过本实例的学习，学生应掌握并巩固以下知识点。

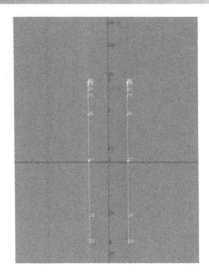

图 8-23

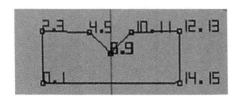 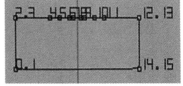

图 8-24

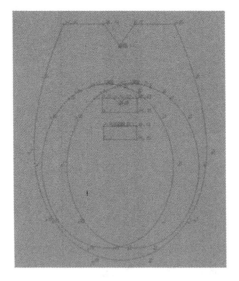

图 8-25

1.【变形】菜单的【多重变形】命令

【多重变形】命令是可以对原物件进行放大、缩小、变形、旋转的复制命令。对话框中有【移动】、【尺寸】、【比例】、【旋转】、【复制数目】、【世界坐标】和【物体坐标】等选项。用户可以根据需要在此对话框中进行移动、尺寸、比例、旋转等选项的修改,需要先单击该命令按钮激

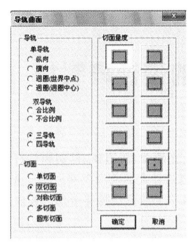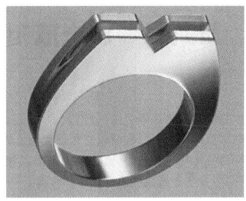

图 8-26

活其后面的数值区域,再在数值区域输入修改的数值。

(1) 移动:该命令会对所复制的物体进行位置的修改,用户可以根据需要在【横向】、【纵向】、【进出】(也就是 X 轴、Y 轴、Z 轴)数值框中输入位移数值。

(2) 尺寸:用户可以在该命令后输入数值来改变复制物体的大小。

(3) 比例:该命令后面的 3 个数值框表示 X 轴、Y 轴、Z 轴,用户可以通过输入的数值,来分别控制所复制的物体在 X 轴、Y 轴、Z 轴的比例。

(4) 旋转:该命令的数值框与【移动】、【比例】一样,用户通过输入的数值来分别控制所复制的物体在 X 轴、Y 轴、Z 轴中旋转的角度。

(5) 复制数目:该选项中显示的数字为原件与复制件的数目的总和,最小值为 2。

(6) 世界坐标:选中此命令,是以 X 轴、Y 轴、Z 轴为坐标进行复制。

(7) 物体坐标:选中此命令,是以所选定物体本身为坐标进行复制。

2.【修改】命令

【修改】命令可以修改已经生成的曲线的形状和控制点。此命令包含 8 个子命令,分别为【修改任意曲线】命令、【左右对称线】命令、【上下对称线】命令、【旋转180°曲线】命令、【上下左右对称线】命令、【直线重复线】命令、【环形重复线】命令和【多重变形线】命令。

当上述命令中的任意一个子命令被选中时,JewelCAD 就进入曲线修改状态。移动鼠标指向某条要被修改的曲线,单击鼠标左键,则曲线变成蓝色,用户就可以在曲线中添加、移动、删除控制点。用户也可以选择与要修改的曲线相匹配的绘制曲线命令,然后按住【Shift】键,在要修改的曲线处单击鼠标左键,则该曲线变为蓝色,用户便可对其进行修改。

需要注意的是,用户所选择的曲线要与所选择的命令相匹配;否则,曲线会自动变成与命令相匹配的曲线。在曲线被修改后,如果用户既想保留原始曲线状态,又想保留修改后曲线状态,则可以选择【编辑】菜单中的【不消除】命令,这两种状态都会被保留下来。

3.【导轨曲面】命令

【导轨曲面】命令是 JewelCAD 中应用最广泛的命令。它的原理是一个切面或者几个切面沿着一条导轨(曲线)或者几条导轨扫成的曲面。

第九章 镶嵌戒指的设计与制作

镶嵌戒指有不同的镶嵌方法,分别是爪镶、包镶、光圈镶、轨道镶、槽镶和铲钉镶。由于镶嵌首饰款式豪华、佩戴方便,所以它也是市场上销售量最大的戒指类别之一。由于戒指花头的变化会直接影响它的造型,因此戒指花头及镶嵌位置的设计需要考虑其镶嵌方法是否合理,尤其是宝石与金属之间不能过厚或过薄。

9.1 光圈女戒的制作

光圈戒又称为抹镶、闷镶,工艺上类似于包镶,宝石深陷环形金属石碗内,边部由金属包裹镶紧,宝石的外围有一圈金属环边,光照下犹如一个环,故名光圈戒。光圈戒的特点:一般用于 3 mm 以下的宝石;光圈镶没有突出可见的金属边缘,宝石完全嵌入金属面。该实例的完成效果图如图 9-1 所示。

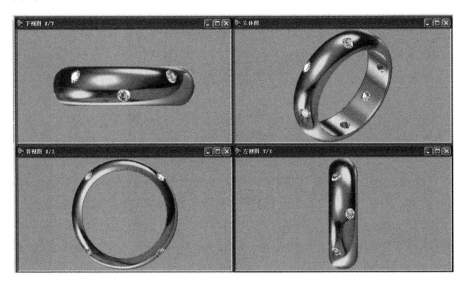

图 9-1

9.1.1 戒圈的制作

(1) 将网格设定为 1 mm(见图 9-2)。
(2) 在正视图,分别做出直径为 15 mm、19 mm,控制点数为 8 的两个圆(见图 9-3)。
(3) 选择 15 mm 的小圆,向左移动 2.5 mm,再做左右对称,做出 3 条导轨线。

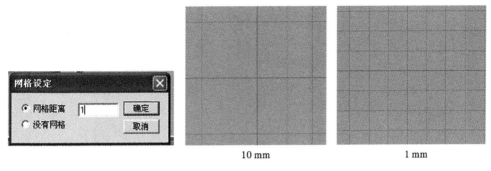

图 9-2

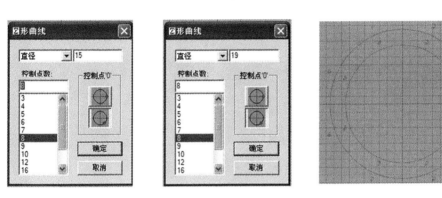

图 9-3

(4) 在右视图上,选择【左右对称线】命令,画出曲线(见图 9-4)。

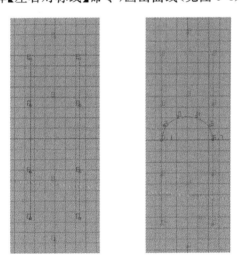

图 9-4

(5) 选择【导轨曲面】命令,画出戒圈(见图 9-5)。

9.1.2 光圈镶口的制作

(1) 在正视图上创建直径为 2 mm 的圆形宝石,再创建一个 0.1 mm 的圆,并隐藏其 CV

图 9-5

点,移动到宝石的边缘(见图 9-6)。

图 9-6

(2) 选择【任意曲线】命令,在宝石边缘画出曲线。

(3) 选择【纵向环形曲面】命令,做出曲面(见图 9-7)。

图 9-7

(4) 选择【联集布林体】命令,把宝石及打孔物结合在一起,再选择【移动】命令,把宝石平行于戒面。

(5) 在右视图,选择【旋转】和【移动】命令,把宝石向左倾斜(见图 9-8)。

(6) 在上视图,将宝石和打孔物上下对称复制(见图 9-9)。

(7) 在正视图,将复制出来的对象旋转 45°。

(8) 在正视图,选中两个宝石和打孔物,选择【环形复制】命令,设置复制数目为 4 个(见图 9-10)。

(9) 将打孔物和宝石还原。

(10) 选择【相减布林体】命令,利用打孔物减去戒指圈(见图 9-11)。

(11) 完成戒指的制作(见图 9-12)。

图 9-8

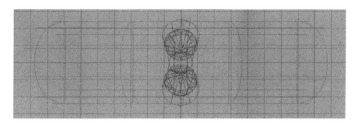

图 9-9

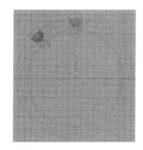 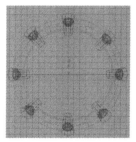

图 9-10

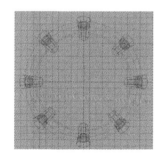  

图 9-11

9.1.3 小结

通过本实例的学习,学生应掌握并巩固以下知识点。
1.【导轨曲面】命令
【导轨曲面】命令是 JewelCAD 中应用最广泛的命令。它的原理是一个切面或者几个切

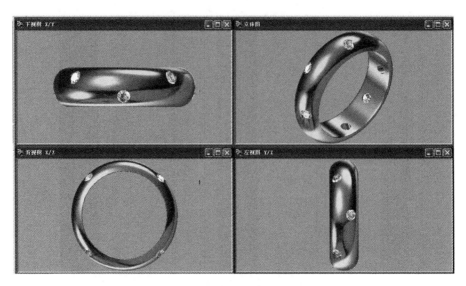

图 9-12

面沿着一条导轨(曲线)或者几条导轨扫成的曲面。

2.【联集布林体】命令

【联集布林体】命令将所选取的物体联合在一起,形成一个新的物体,这个新的物体就是布林体,联集命令形成的布林体被称为联集布林体。

3.【还原布林体】命令

【还原布林体】命令可以将被选取的布林体物体还原为原来的状态,成为几个单独的部分。

4.【相减布林体】命令

【相减布林体】命令将一个物体 A 减去另一个物体 B 后,物体 A 中剩下的部分作为新的布林体。在使用这个命令时,要先将被减物体 B 选中,然后再选择本命令,接下来再选择物体 A,而后形成的部分为相减布林体。

9.2　珍珠女戒的制作

此款戒指以珍珠、钻石和 18K 金为主要材料,通过钻石的群镶来衬托珍珠,利用刻面钻石的璀璨光泽衬托珍珠的柔和、妩媚的光泽。此款作品在制作的时候应当注意,钻石采用的是包镶的镶嵌方法,珍珠采用的是传统的针镶的镶嵌方法。该实例的完成效果图如图 9-13 所示。

9.2.1　戒圈的制作

(1) 在正视图,选择【圆形】命令,设置"直径"为 2,"控制点数"为 6,"控制点 0"位置选择 0 点在 X 轴下面的控制 0 点位置,然后单击"确定"按钮(见图 9-14)。

(2) 选择【开口曲线】命令,使其打开(见图 9-15)。

(3) 选择【反转】命令,确保曲线在选中的状态,在窗口中自上到下拖动鼠标,将开口曲

第九章 镶嵌戒指的设计与制作 | 61

图 9-13

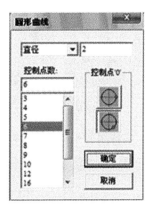

图 9-14

图 9-15

线的开口由朝下转变为朝上。

（4）在右视图中检查反转的位置是否正确（见图9-16）。

图 9-16

（5）在右视图，选择【移动】命令，确保曲线在选中的状态，执行命令后在窗口中以Y轴为中心按住鼠标右键并拖动鼠标，移动曲线到Y轴的一侧（见图9-17）。

图 9-17

（6）选择【旋转】命令，从右向左拖动鼠标，使曲线倾斜（见图9-18）。

图 9-18

（7）选择【左右复制】命令，使曲线对称复制（见图9-19）。

（8）在正视图，选择【左右对称线】命令，画出切面曲线（见图9-20）。

（9）选择【封口曲线】命令，将切面曲线封口（见图9-21）。

（10）选择【导轨曲面】命令，在"双导轨"部分选择"合比例"，在"切面"部分选择"单切面"，在"切面量度"部分选择第一列第一个按钮，单击"确定"按钮（见图9-22）。

图 9-19

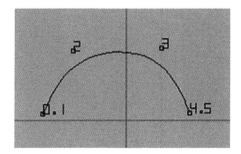

图 9-20

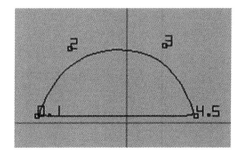

图 9-21

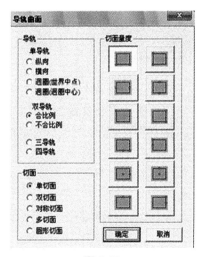

图 9-22

(11) 在立体图中，根据状态栏中的提示分别点击第一条导轨、第二条导轨和切面（先右后左，最后切面）（见图 9-23）。

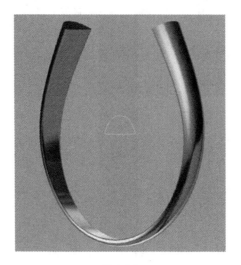

图 9-23

9.2.2 包镶群镶的制作

(1) 从【资料库】里导出 settings→Round1→Rnd00003（见图 9-24）。

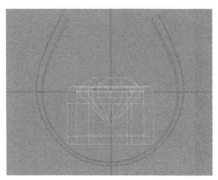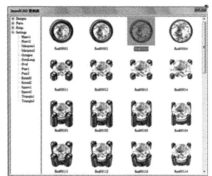

图 9-24

(2) 选择【尺寸】命令，拖动鼠标调整钻石物件的大小。

(3) 再选择【移动】命令，移动钻石物件，直至调整出合适的钻石物件的大小。在上视图中观察钻石的大小是否正确（见图 9-25）。

(4) 选择【复制】菜单里的【剪贴】命令，将窗口中复制出来的钻石物件按照所需要的形状进行排列（见图 9-26）。

(5) 选中所有的钻石物件，选择【联集布林体】命令。

(6) 在联集布林体被选中的状态下，选择【左右复制】命令，将钻石物件复制（见图9-27）。

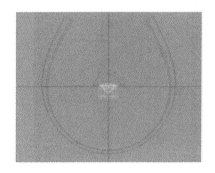
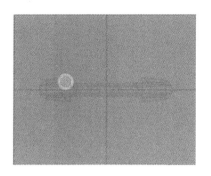

图 9-25

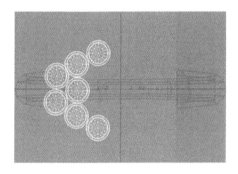

图 9-26

图 9-27

9.2.3　珍珠及其镶口的制作

(1) 在上视图中点击圆形，默认数据。

(2) 选择【移动】和【尺寸】命令，调整圆形曲线（见图 9-28）。

(3) 选择【任意曲线】命令，在视图中绘制一个开口曲线，并且此曲线的首尾控制点要与 Y 轴相交（见图 9-29）。

(4) 选择【导轨曲面】命令，在"导轨"部分选择"单导轨"中的"纵向"选项，在"切面"部分选择"单切面"，"切面量度"部分选择第一列第五个按钮，然后单击"确定"按钮（见图 9-30）。

(5) 根据状态栏中的提示，分别单击作为导轨的圆形曲线和作为切面的开口曲面（见图 9-31）。

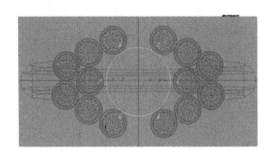

图 9-28

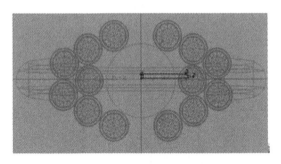

图 9-29

图 9-30

(6) 选择【任意曲线】命令，在窗口中绘制一条直线，这条直线距离 Y 轴的距离为镶嵌用针的切面直径的一半（见图 9-32）。

(7) 在确保只有刚制作的直线为选中状态下，点击【曲面】菜单，选择【纵向环形曲线】命令，默认数据，单击"确定"按钮（见图 9-33）。

(8) 点击曲面，选择【球体曲面】命令，制作一个球体曲面（见图 9-34）。

(9) 选择【尺寸】和【移动】命令，调整球体曲面的大小和位置，使球体曲面位于珍珠托的正中间，然后点击【编辑】菜单，选择【材料】命令。调出 Jewel CAD 材料，将默认的黄金材料

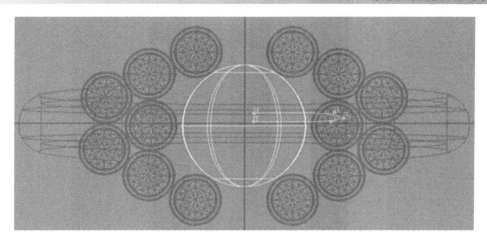

图 9-31

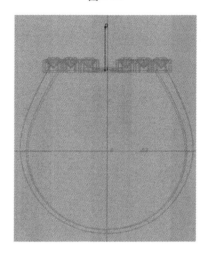

图 9-32

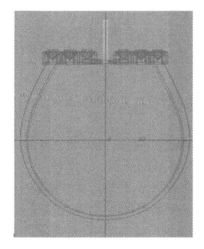

图 9-33

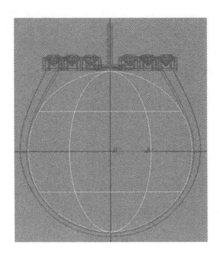

图 9-34

修改为所需要的珍珠材料。最后,完成戒指的制作(见图 9-35)。

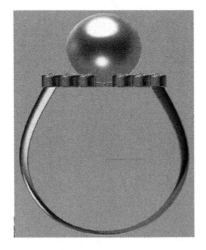

图 9-35

9.2.4 小结

通过本实例的学习,学生应掌握并巩固以下知识点。

1.【开口曲线】命令

【开口曲线】命令与【封口曲线】命令相反,它可将选择的封口曲线打开。

2.【剪贴】命令

【剪贴】命令就是剪下被选取的物体,并将其复制粘贴到另一个物体上。【剪贴】命令可以将剪下的物体多次复制并粘贴到别的物体上。要求被【剪贴】的物体必须在世界坐标系内,因为物体所在的位置将成为复制的基本点。选择此命令后,被复制的物体首先会从视图中消失,而后 JewelCAD 进入复制状态,只要在要粘贴的位置单击鼠标左键,此位置就会出现要粘贴的物体,单击几次就粘贴几次。通常在排列宝石的时候应用此命令。

在【剪贴】命令中,物体是以线图形式显示还是以彩色图形式显示,其复制的效果是不同的。如果物体是以线图(不论是简易线图、普通线图还是详细线图)形式显示,被剪切的物体的复制品都与原来物体的方向一致。而当物体以彩色图(快彩图、光影图)形式显示时,被剪切的物体的复制品被置于其他物体的上方。因此,它们必须重新进行定向,以使它们的 Z 轴与在它下面的其他物体的表面相一致。

综上所述,一个物体在以【剪贴】命令被复制时,必须首先确定它的显示方式。在具体操作时可遵循下述步骤。

(1) 按需要改变物体的显示方式,移动鼠标到适宜的视图内。

(2) 按住鼠标左键不放,物体的复制品就会显示在此视图内,随着鼠标的移动,该物体也会移动,而且在状态栏中,它的坐标也会显示出来,释放鼠标后,物体的位置就被固定下来。

(3) 如果用户想改变物体复制品的位置,可以移动鼠标指向该物体,按下【Shift】键后再按住鼠标的左键或者右键,就可以移动它了。

(4) 如果用户想改变复制件的大小,移动鼠标,按下【Shift】键,再按下鼠标左键,水平或垂直移动鼠标,物体的大小就会产生变化。

(5) 如果用户想改变复制件的方向,使它发生旋转,移开鼠标,按下【Shift】键,再按下鼠标右键,水平或垂直移动鼠标,即可以使物体发生旋转。

(6) 重复上述操作,可以生成多个复制件。

(7) 选择其他命令或单击"选取"工具可以退出粘贴操作。

3.【球体曲面】命令

【球体曲面】命令是直接在绘图区生成球体。选择此命令后,在视图的世界坐标系中心位置形成一个球体曲面。

9.3 光圈男戒

该实例的完成效果图如图 9-36 所示。

9.3.1 戒圈的制作

(1) 将网格设定为 1 mm(见图 9-37)。

(2) 在正视图上分别做出直径为 18 mm、24.4 mm,控制点数为 10 的两个圆(见图 9-38)。

(3) 在右视图上选择小圆,向左移动 2.5 mm,再做左右对称,做出 3 条导轨线(见图 9-39)。

(4) 在右视图上选择【上下左右对称线】命令,画出曲面(见图 9-40)。

(5) 选择【导轨曲面】命令,画出戒圈(见图 9-41)。

(6) 在正视图,选择【圆形】命令,分别画出直径为 17 mm、22 mm 的两个圆(见图 9-42)。

(7) 使用刚才的导轨方法,制作出第二个曲面(见图 9-43)。

(8) 选择【相减布林体】命令,减少金重(见图 9-44)。

(9) 在正视图上画出距离金面至少 1.6 mm,距离下方金面 0.8 mm 的曲线(见图 9-45)。

(10) 选择【直线延伸曲面】命令,制作出曲面(见图 9-46)。

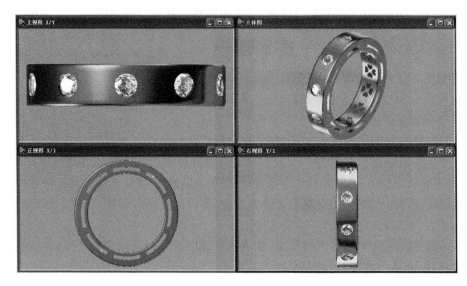

图 9-36

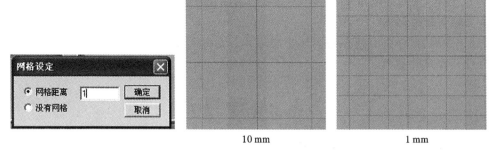

10 mm   1 mm

图 9-37

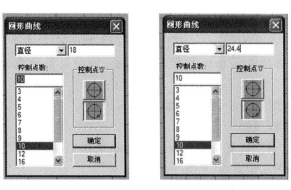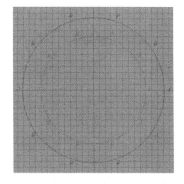

图 9-38

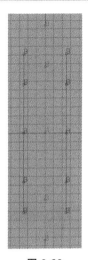

图 9-39　　　　　　　图 9-40

图 9-41

图 9-42

图 9-43

图 9-44

 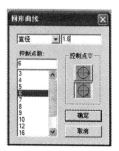

图 9-45

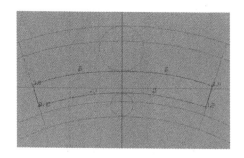

 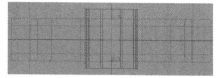

图 9-46

(11) 在正视图,选择【环形复制】命令,复制出 8 个物体(见图 9-47)。

(12) 选择【相减布林体】命令,做出镂空,完成戒圈的制作(见图 9-48)。

9.3.2 光圈镶口的制作

(1) 在正视图上创建出直径为 3 mm 的圆形宝石,再创建一个 0.1 mm 的圆,移动到宝石的边缘(见图 9-49)。

(2) 选择【任意曲线】命令,在宝石边缘画出曲线(见图 9-50)。

第九章 镶嵌戒指的设计与制作 | 73

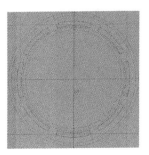

图 9-47

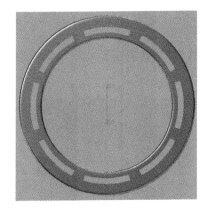

图 9-48

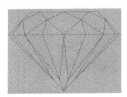

图 9-49

图 9-50

(3) 选择【纵向环形曲面】命令,做出曲面(见图9-51)。

图 9-51

(4) 把曲面与钻石移到与戒指边缘平齐,并选择【环形复制】命令,将其复制10个(见图9-52)。

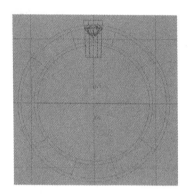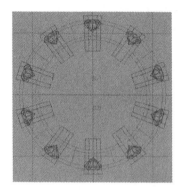

图 9-52

(5) 将宝石取消选中,选择【相减布林体】命令,做出镶口位置(见图9-53)。

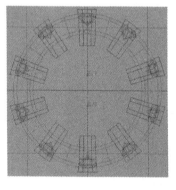

图 9-53

9.3.3 底面封口的制作

(1) 在正视图,选择【圆形】命令,分别创建出直径为18 mm和19.6 mm的圆(见图9-54)。

 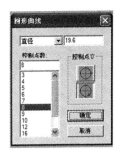 

图 9-54

(2) 选择小圆,将其向右移动 1.8 mm,再将其左右对称复制(见图 9-55)。

图 9-55

(3) 选择【导轨曲面】命令,制作出封片,并把戒圈全部做好联集(见图 9-56)。

图 9-56

(4) 在正视图,选择【上下左右对称线】命令,画出长为 56.5 mm、宽为 3.4 mm 的曲面(见图 9-57)。

(5) 在 1 mm 线格的十字定位线中间,选择【左右对称线】命令,画出心形曲线(见图 9-58)。

(6) 选择【环形复制】命令,使曲线复制 4 个(见图 9-59)。

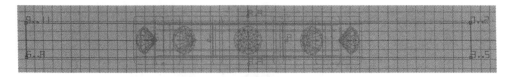

图 9-57

图 9-58

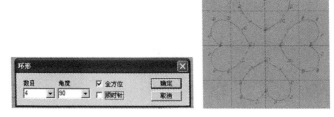

图 9-59

(7) 选择杂项中的【块状体】命令,创建厚度为 4 mm 的心形块状体,并把它们进行联集(见图 9-60)。

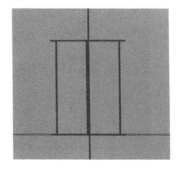

图 9-60

(8) 在右视图上把心形块状体进行直线复制,每 3 个复制一次,复制多次(见图 9-61)。

(9) 再利用左右复制,把块状体制作完成,并选择【联集布林体】命令把其结合在一起(见图 9-62)。

(10) 在正视图上创建一个直径为 18 mm 的圆(见图 9-63)。

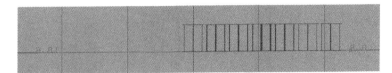

图 9-61

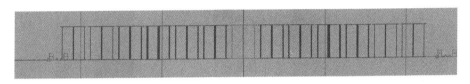

图 9-62

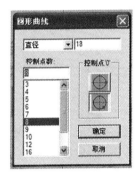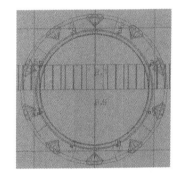

图 9-63

（11）选中心形块状体，选择【曲面/线　映射】命令，把块状体映射到圆上（见图 9-64）。

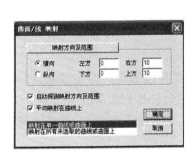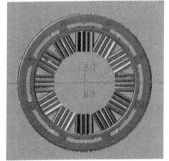

图 9-64

（12）选择【相减布林体】命令，把块状体去掉，完成戒指的制作（见图 9-65）。

图 9-65

9.3.4 小结

通过本实例的学习,学生应掌握并巩固以下知识点。

1.【导轨曲面】命令

【导轨曲面】命令是 JewelCAD 中应用最广泛的命令。它的原理是一个切面或者几个切面沿着一条导轨(曲线)或者几条导轨扫成的曲面。

2.【相减布林体】命令

【相减布林体】命令是将一个物体 A 减去另一个物体 B 后,物体 A 中剩下的部分作为新的布林体。在使用这个命令时,要先将被减物体 B 选中,然后再选择本命令,接下来再选择物体 A,而后形成的部分为相减布林体。

3.【块状体】命令

【块状体】命令用于生成块状体物体。块状体物体是通过将一些曲线延伸从而形成一个实体。这些曲线必须满足如下条件。

(1) 所有的曲线必须是二维闭合曲线。

(2) 曲线可以是互相包围但不能互相交叉。

(3) 处于最外层的曲线的控制点必须是逆时针方向排列的。

(4) 如果曲线是互相包围的,则被包围的每一条曲线必须与包围它的曲线控制点的排列顺序相反(控制点顺时针排列的曲线必须被包围在控制点逆时针排列的曲线中)。

用户在使用【块状体】命令时,要选择好视图。首先将所有涉及的曲线选中,然后选择此命令,则会弹出【制作块状体】对话框。

该对话框中的各个命令和功能介绍如下。

(1) 前端/后端:用来确定块状体前后端是尖角、圆角或切角。

(2) 圆角/切角半径:如果块状体有圆角或切角,则用户要确定它们的半径,如果将此值设为 0,则没有圆角或切角。

(3) 块状体厚度：确定形成的块状体的厚度。

4.【曲面/线　映射】命令

【曲面/线　映射】命令可将被选中的物体映射到曲线或曲面上,从而产生变形。映射其实是将一个物体分布到另一个物体上去。

9.4　轨道镶戒指的制作

此款戒指的镶嵌方法为典型的轨道镶嵌。轨道镶嵌的原理是,宝石呈线状排列,通过压迫宝石两侧的金属边,从而来固定宝石。轨道镶嵌是利用辅助线进行曲线投影、三条导轨线扫成曲面、精确相减镂空等一系列的步骤制作而成的。制作时还要考虑每条导轨的每个控制点的切面形状,同时利用曲线控制点进行精确"卡位",以保证加工工艺的可操作性。此戒指为镶嵌款,所以在制作中应考虑宝石位置要准确,否则在加工工艺上就没法实施,这就要求在制作时多用辅助线进行校正,利用辅助线准确进行镂空、准确控制金重、准确把握加工。同时应该注意的是,群镶戒指在设计上要把握豪华、奢侈的感觉,所以在镶石的处理上,要体现松紧适度、节奏得当的感觉。该实例的完成效果图如图9-66所示。

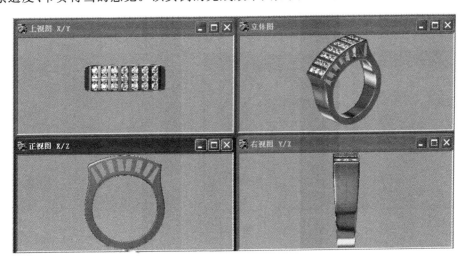

图 9-66

9.4.1　戒指的制作

(1) 在正视图,选择【圆形】命令,设置"直径"为21,"控制点数"为10,"控制点0"位置选择0点在X轴下面的控制0点位置(见图9-67)。

(2) 选择【杂项】中的【宝石】命令,将"尺寸"设置为2 mm(见图9-68)。

(3) 选择【圆形】命令,做出两个圆形辅助线,确定钻石的间距。设置第一个圆："直径"为1,"控制点数"为6,"控制点0"位置选择0点在X轴下面的控制0点位置。设置第二个圆："直径"为0.8,其他数据与第一个圆的相同(见图9-69)。

(4) 选择【移动】命令,将圆进行移动,再点击【编辑】菜单,选择【隐藏cv】命令,将辅助线的控制点隐藏起来(见图9-70)。

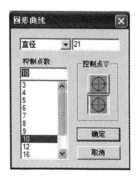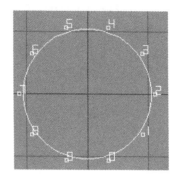

图 9-67

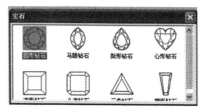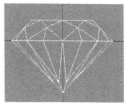

图 9-68

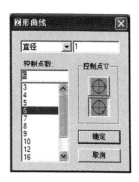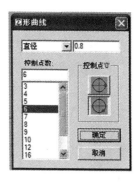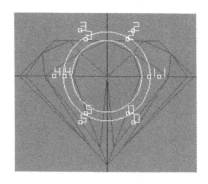

图 9-69

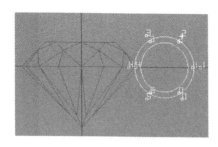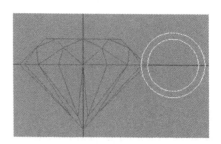

图 9-70

（5）在正视图，选择【直线复制】命令，将"延伸数目"设置为 4，设置其相同的延伸距离（见图 9-71）。

（6）取消中间宝石的选中，再选择【左右对称线】命令，复制宝石（见图 9-72）。

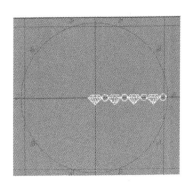

图 9-71

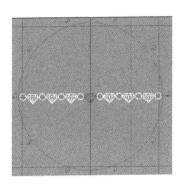

图 9-72

(7) 在右视图,选择【直线复制】和【左右复制】命令,把宝石进行复制(见图9-73)。

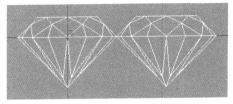
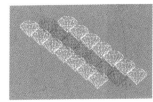

图 9-73

(8) 在正视图,选择【左右对称线】和【封口曲线】命令,画出曲线(见图9-74)。

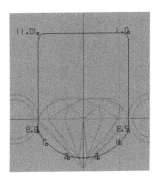

图 9-74

（9）在右视图,选择【移动】命令,移动曲线(见图 9-75)。

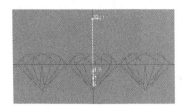

图 9-75

（10）选择【左右复制】命令,复制曲线(见图 9-76)。

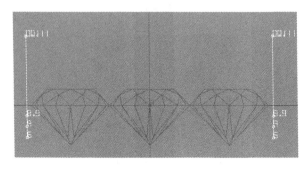

图 9-76

（11）选择【线面曲线连接】命令,将曲线变成面(见图 9-77)。

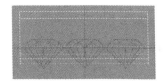

图 9-77

（12）在正视图,选择【直线复制】和【左右复制】命令,复制 loft 面(见图 9-78)。

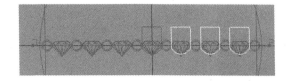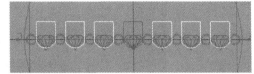

图 9-78

（13）在正视图上选中圆形,选择【变形】菜单中的【多重变形】命令,复制圆形(见图9-79)。

（14）在正视图,选择【曲线】菜单中的【修改】命令的【左右对称线】子命令,修改曲线(见图 9-80)。

（15）在正视图,用同样的方法在小圆上增加控制点(见图 9-81)。

（16）选择【任意曲线】,画出辅助线(见图 9-82)。

（17）在【曲线/面　投影】对话框中设置相应参数,对曲线进行投影(见图 9-83)。

（18）选择【左右复制】命令,复制曲线(见图 9-84)。

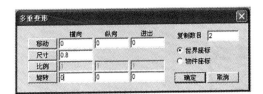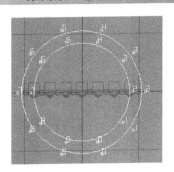

图 9-79

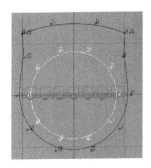

图 9-80

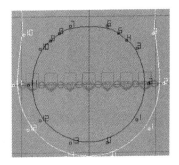

图 9-81

图 9-82

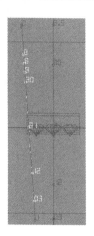

图 9-83

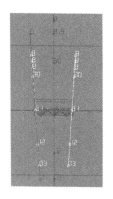

图 9-84

(19) 在正视图,选择【上下左右对称线】命令,画出切面(见图 9-85)。

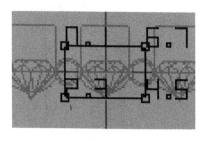

图 9-85

(20) 选择【导轨曲面】命令,在【导轨曲面】对话框中设置相应参数后,制作出戒指(制作步骤:先左右再中间,最后切面)(见图 9-86)。

(21) 在正视图,选择【左右对称线】命令,画出辅助线(见图 9-87)。

(22) 选中宝石,选择【曲面/线　映射】命令,在【曲线/面　映射】对话框中设置相应参数,使宝石映射到曲线上(见图 9-88)。

(23) 取消宝石的选中,选择【相减布林体】命令对戒指进行相减(见图 9-89)。

第九章 镶嵌戒指的设计与制作 | 85

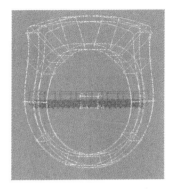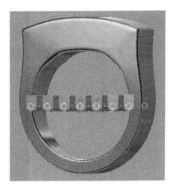

图 9-86

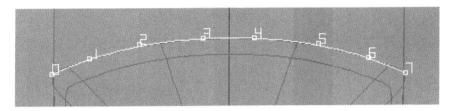

图 9-87

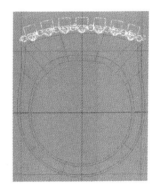

图 9-88

图 9-89

9.4.2 开夹层

(1) 在正视图,选择【左右对称线】命令,画出第一条开口曲线(见图 9-90)。

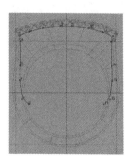

图 9-90

(2) 选择【复制】菜单中的【多重变形】命令,在【多重变形】对话框中设置相应参数(见图 9-91)。

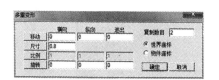 

图 9-91

(3) 选择【左右对称线】命令对曲线进行修改(见图 9-92)。

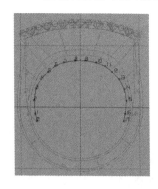   

图 9-92

(4) 把曲线进行左右复制,再画出切面(见图 9-93)。

(5) 选择【导轨曲面】命令,在【导轨曲面】对话框中设置相应参数(制作步骤:先左右再

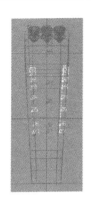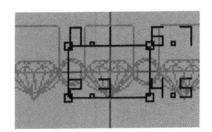

图 9-93

中间,最后切面)(见图 9-94)。

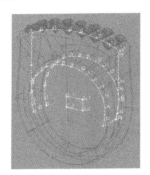

图 9-94

(6)选择【相减布林体】命令对曲面进行相减(见图 9-95)。

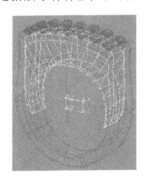

图 9-95

(7)选择【任意曲线】命令,在 Y 轴一侧画出 4 个封闭的曲线(见图 9-96)。

(8)选择【左右复制】命令,复制曲线(见图 9-97)。

(9)在正视图,选择【移动】命令,将曲线往下移。再选择【直线延伸曲面】命令,使曲线变成曲面(见图 9-98)。

(10)选择【相减布林体】命令对曲面进行相减(见图 9-99)。

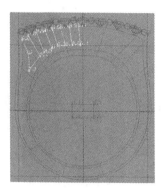

图 9-96

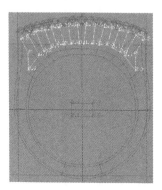

图 9-97

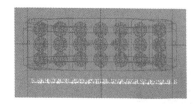

图 9-98

图 9-99

9.4.3 小结

通过本实例的学习,学生应掌握并巩固以下知识点。

1.【导轨曲面】命令

【导轨曲面】命令是 JewelCAD 中应用最广泛的命令。它的原理是一个切面或者几个切面沿着一条导轨(曲线)或者几条导轨扫成的曲面。

2.【相减布林体】命令

【相减布林体】命令是将一个物体 A 减去另一个物体 B 后,物体 A 中剩下的部分作为新的布林体。在使用这个命令时,要先将被减物体 B 选中,然后再选择本命令,接下来再选择物体 A,而后形成的部分为相减布林体。

3.【曲面/线 映射】命令

【曲面/线 映射】命令可将被选中的物体映射到曲线或曲面上,从而产生变形。映射其实是将一个物体分布到另一个物体上去。

4.【线面连接曲面】命令

【线面连接曲面】命令可以将被选取的曲线生成一个新的曲面,也可以收集视图中被选取的曲面,将它们连接成一个新的曲面。使用这个命令时要注意,用户选取的曲线与曲面彼此必须相互匹配,匹配的具体要求是:

(1) 曲线以及所有曲面的 V 曲线必须有相同数量的控制点;

(2) 曲线以及所有曲面的 V 曲线必须都是开口或都是闭口的。

5.【直线延伸曲面】命令

【直线延伸曲面】命令可以将被选取曲线作为切面,将直线性的路径扫成曲面。选择此命令后,会弹出【直线延伸】对话框,用户可以根据需要在对话框中设置各个参数。

该对话框中的命令及功能介绍如下。

(1) 延伸数目:是延伸后曲面的截面数,最小值为 2。

(2) 横轴、纵轴、进出轴:用来确定各个截面在这 3 个方向上之间的间距。用户可以直接在文本栏中输入数据,也可以回到视图内自行设置。移动鼠标至某个视图中,按住鼠标左键水平或垂直地移动鼠标,或者按住鼠标右键以任意方向移动鼠标,就可设定水平或垂直方向的距离,进出轴的间距则为 0。

第十章 首饰的设计与制作

除了戒指外,还有其他首饰制作,如耳钉(环)、手镯(链)、项链、胸针等,本章节主要针对胸针和耳饰进行设计和制作。胸针是设计空间最大的首饰之一,其结构类型及大小都没有太大的限制,只要通过背部的一根别针,稳定地将它固定在衣服上即可。胸针在设计时,应该重点注意用金量的控制,避免出现过重的现象,如果金重过大,则会使衣服上胸针固定的位置出现褶皱。耳饰是我们生活中十分常见的首饰之一,根据佩戴方式的不同可分为耳钉、耳环、耳坠、耳钳等。设计耳饰时有两点需要注意:首先需要注意用金量,耳饰是佩戴在耳部的,过重会对耳朵造成负担;其次需要注意佩戴方式,所设计耳饰的佩戴方式要合理。

10.1 胸针的制作

此款胸针以白金和公主方钻石为主要材料,以心形为主要设计元素,方钻不均匀地散落在心形吊坠的内部,看起来洒脱自然。制作此款胸针时应当注意,钻石在这里采用了包镶的镶嵌方法。该实例的完成效果图如图10-1所示。

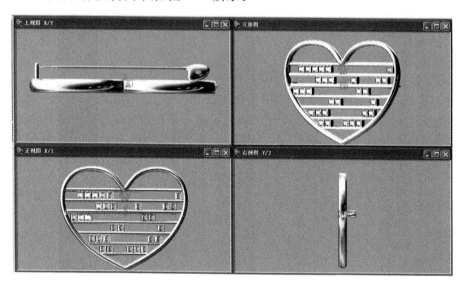

图 10-1

10.1.1 心形图案的制作

(1) 在正视图,选择【左右对称线】命令,画出心形造型,选择【封口曲线】命令将其封口

(见图 10-2)。

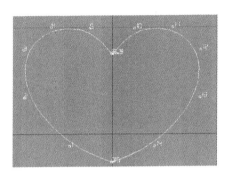

图 10-2

(2) 在右视图,选择【移动】命令,将曲线移动到 Y 轴的一侧,距离是心形框架厚度的一半(见图 10-3)。

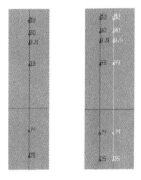

图 10-3

(3) 选择【左右复制】命令,复制曲线(见图 10-4)。

图 10-4

(4) 选择【上下左右对称线】命令,画出切面(见图 10-5)。
(5) 选择【导轨曲面】命令,做出心形的金属架(制作步骤:先左右再切面)(见图 10-6)。
(6) 点击【编辑】菜单,选择【材料】命令,改变金属架的颜色(见图 10-7)。
(7) 在正视图,选择【左右对称线】命令,制作一条与 X 轴平行的辅助线。
(8) 选择【左右对称线】命令,画出最下方的曲线,选择【移动】命令,把曲线与辅助线

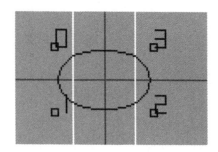

图 10-5

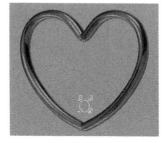

图 10-6

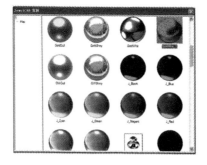

图 10-7

重合。

(9) 选择【横向环形曲面】命令,使曲线变成圆柱状曲面,再选择【移动】命令将其移动到原来位置(见图10-8)。

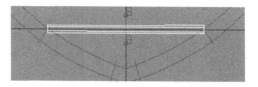

图 10-8

(10) 制作出一个直径为 1 mm 的圆,作为每个圆柱状曲面间隔的距离。再用同样的方法制作这种排列效果的所有曲面(见图10-9)。

(11) 选择【材料】命令,改变所有曲面的颜色(见图10-10)。

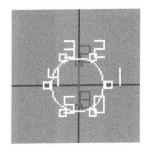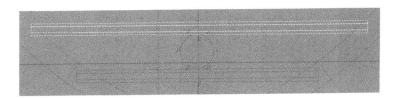

图 10-9

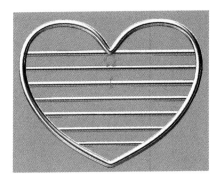

图 10-10

（12）点击【档案】菜单，选择【资料库】命令，选出 Settings→Square1→sqr00004（见图10-11）。

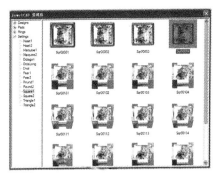

图 10-11

（13）点击【变形】菜单，选择【反转】命令中的【反下】子命令，改变钻石方向（见图10-12）。

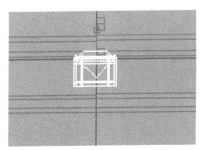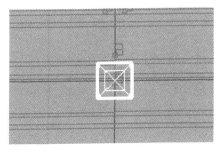

图 10-12

（14）选择【还原布林体】命令，使钻石与金属边框分离，对金属边框的颜色进行修改（见图10-13）。

图 10-13

（15）选择【联集布林体】命令，把钻石和金属联集在一起。在右视图，选择【移动】命令使钻石往前移动，并在正视图上选择【尺寸】命令，调整钻石的大小（见图10-14）。

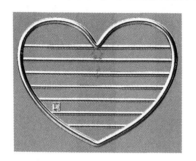

图 10-14

（16）选择【直线复制】和【移动】命令，复制出足量的钻石，并使钻石散落分布在心形内部，制作出最后效果（见图10-15）。

图 10-15

10.1.2 别针的制作

（1）在背视图上，选择【资料库】里的 Parts→Parts2→PIN（见图10-16）。

（2）点击【变形】菜单，选择【反转】命令中的【反下】子命令，改变别针方向（见图10-17）。

（3）选择【移动】和【尺寸】命令，调整别针的大小和位置，并在材料菜单中修改别针颜色（见图10-18）。

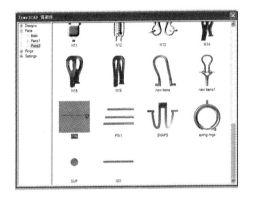
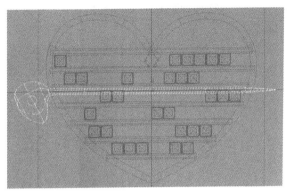

图 10-16

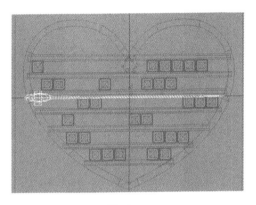

图 10-17

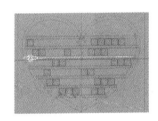
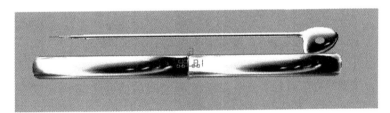

图 10-18

（4）在右视图，选择【任意曲线】命令，画出曲线，选择【上下左右对称线】命令，画出曲面，再选择【管状曲面】命令，在【管状曲面】对话框中选择"单切面"，做出曲面（见图 10-19）。

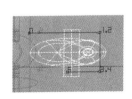
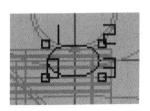

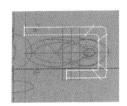

图 10-19

(5) 选择【移动】命令，调整其位置（见图10-20）。

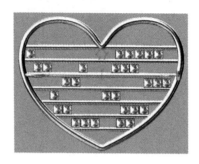

图 10-20

(6) 点击【编辑】菜单，选择【材料】命令，改变曲面颜色（见图10-21）。

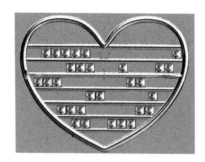

图 10-21

10.1.3 小结

通过本实例的学习，学生应掌握并巩固以下知识点。

1.【横向环形曲面】命令

【横向环形曲面】命令可以把被选取的曲线沿着当前视图的水平轴以环形路径扫成曲面。

2.【材料】命令

【材料】命令是JewelCAD的一大亮点，就是其材料的渲染非常便捷。在JewelCAD中，每一个物体都被指定是由某种材料组成的，在以光影图显示时，这些物体就以该种材料显示。此命令可以改变用户选中的物体材料。选择此命令时，会弹出【JewelCAD 材料】对话框，这个对话框由两个面板组成："目录"面板和"材料显示"面板。"目录"面板列出了在JewelCAD中所有材料的目录及其子目录；"材料显示"面板显示的是各个材料相对应的缩略图。材料缩略图的显示随着目录变化而变化。

3.【反转】命令

【变形】菜单中的【反转】命令可将被选取的物体旋转90°。此命令下包括4个子命令，分别为【反上】、【反下】、【反左】和【反右】。其中【反上】、【反下】命令是以X轴为中心分别向上、向下旋转90°；【反左】、【反右】命令是以Y轴为中心分别向左、向右旋转90°。

10.2 耳饰的制作

此款设计以优雅的曲线条为主要元素,衬托了女性自身曲线的优美,采用后挂式的形态别具匠心,更加衬托出女性对成熟、时尚和优雅的追求。此款首饰效果图制作比较简单,该实例的完成效果图如图 10-22 所示。

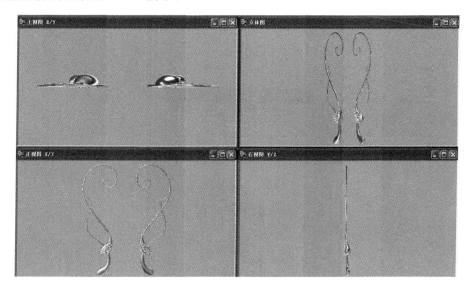

图 10-22

10.2.1 长弧曲面部分的制作

(1) 在正视图,选择【任意曲线】命令,画出第一条导轨线。

(2) 选择【直线复制】命令,在【直线延伸】对话框中设置相应参数,制作出第二条曲线(见图 10-23)。

(3) 选择【曲线】菜单中的【修改】命令的【任意曲线】子命令,对第二条曲线进行修改(见图 10-24)。

(4) 选择【左右对称线】命令,画出馒头形切面(见图 10-25)。

(5) 选择【导轨曲面】命令,在【导轨曲面】对话框中设置相应参数(制作步骤是:先左右最后切面)(见图 10-26)。

(6) 导轨后的效果如图 10-27 所示。

(7) 点击【编辑】菜单,选择【材料】命令,在材料框内选择"GoldWhit"材料,把金属颜色变成白金颜色(见图 10-28)。

(8) 从【资料库】中导出 Setting→Round1→Round0014(见图 10-29)。

(9) 选择【还原布林体】命令,将宝石和金属分开,取消宝石的选中,把金属颜色变成白金颜色(见图 10-30)。

(10) 点击【变形】菜单,选择【反转】命令中的【反下】子命令,直接把宝石向下反转 90°

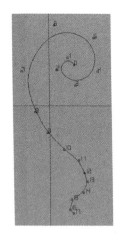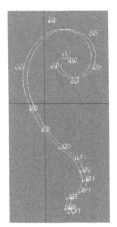

图 10-23

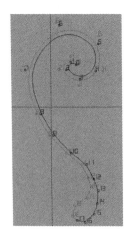

图 10-24

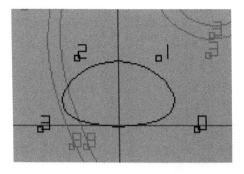

图 10-25

图 10-26

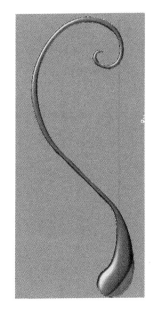

图 10-27

(见图 10-31)。

(11) 选择【直线复制】命令,复制 30 颗钻石物体(见图 10-32)。

(12) 选择【旋转】和【移动】命令,将宝石分布在金属上,最后将所有宝石做联集(见图 10-33)。

10.2.2 短轴弧曲面部分的制作

(1) 选择【任意曲线】命令,画出第二条导轨线(见图 10-34)。

(2) 选择【直线复制】命令,制作出第二条导轨线(见图 10-35)。

(3) 选择【曲线】菜单中的【修改】命令的【任意曲线】子命令,对曲线进行修改(见图 10-36)。

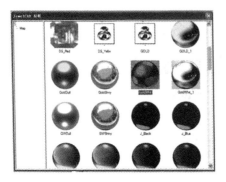
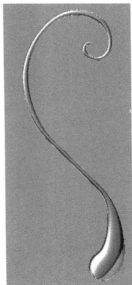

图 10-28

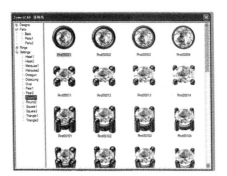

图 10-29

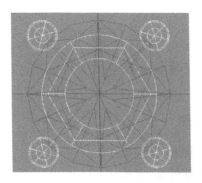

图 10-30

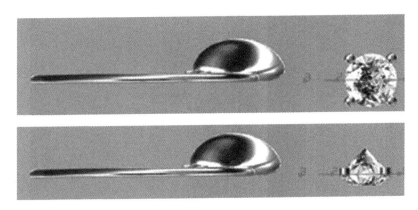

图 10-31

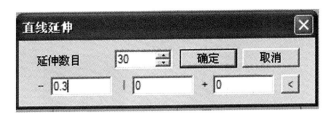

图 10-32

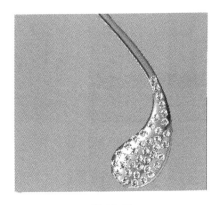

图 10-33

（4）选择【左右对称线】命令，画出馒头形切面（见图10-37）。

（5）选择【导轨曲面】命令，在【导轨曲面】对话框中设置相应参数（制作步骤：先左右最后切面）（见图10-38）。

（6）导轨后的效果如图10-39所示。

（7）点击【编辑】菜单，选择【材料】命令，在材料框内选择"GoldWhit"材料，把金属颜色变成白金颜色（见图10-40）。

10.2.3　长弧曲面和短弧曲面的排列关系

（1）转为左视图，选择【移动】命令，将短弧曲面移动到长弧曲面后面，使之形成一个前

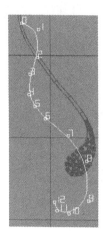

图 10-34

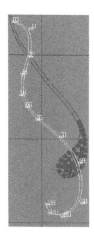

图 10-35

图 10-36

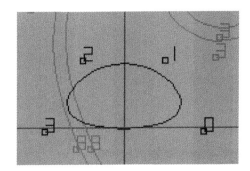

图 10-37

图 10-38

图 10-39

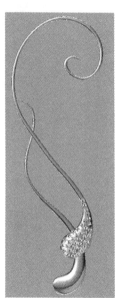

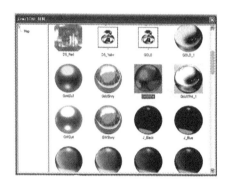

图 10-40

后关系(见图 10-41)。

图 10-41

(2) 在正视图,选择【联集布林体】命令,联集所有构成耳饰的组件。

(3) 将第一个耳饰用【移动】工具拖动到 Y 轴的左侧,选择【左右复制】命令,复制耳饰(见图 10-42)。

图 10-42

10.2.4 小结

通过本实例的学习,学生应掌握并巩固以下知识点。

1.【任意曲线】命令

【任意曲线】命令用来绘制任意形状的曲线。它通过生成控制点和修改控制点来完成对曲线的控制。

2.【直线复制】命令

【直线复制】命令可以在一条直线上的任意一段距离内进行一个或多个复制。选择此命令后,会弹出【直线延伸】对话框。对话框包含【延伸数目】、【——】(水平)、【｜】(垂直)、【＋】(Z轴)等选项,用户可以对这些选项进行修改,来达到想要的复制效果。

【延伸数目】:包括原始选中物体在内的最终总数,也就是原件与复制件的总数,最小值为2。

【——】(水平)、【｜】(垂直)、【＋】(Z轴):用来确定复制出来物件间的距离,这个距离是由当前视图的水平、垂直与Z轴来确定的,用户可以在其后的文本栏中输入数值,也可以根据下述操作来确定。

(1)移动确定所需要的视图。

(2)按住鼠标左键,以水平或垂直方向移动,或按住鼠标右键以任意方向移动。

(3)按住鼠标不放,移动至适当的位置后再释放鼠标,水平和垂直方向的距离就显示在文本栏中,而Z轴的距离则为0。

3.【材料】命令

【材料】命令是JewelCAD的一大亮点,就是其材料的渲染非常便捷。在JewelCAD中每一个物体都被指定是由某种材料组成的,在以光影图显示时,这些物体就以该种材料显示。此命令可以改变用户选中的物体材料。选择此命令时,会弹出【JewelCAD 材料】对话框,这个对话框由两个面板组成:"目录"面板和"材料显示"面板。"目录"面板列出了在 JewelCAD 中所有材料的目录及其子目录;"材料显示"面板显示的是各个材料相对应的缩略图。材料缩略图的显示随着目录变化而变化。

4.【还原布林体】命令

【还原布林体】命令可以将被选取的布林体物体还原为原来的状态,成为几个单独的部分。

5.【联集布林体】命令

【联集布林体】命令将所选取的物体联合在一起,形成一个新的物体,这个新的物体就是布林体,联集命令形成的布林体被称为联集布林体。

附录 A 设计时不能忽略的事项

在设计首饰时,设计师的思维往往过于集中在美感创作上,而忽略了整体结构,或者是在绘画时表现不清楚,造成一些问题。

一、绘画不清

以一珍珠戒指为例,表面看来,整个戒指的结构并没有问题,但由于主体——珍珠过大,在绘画时,能清楚表达出来的式样不及三分之二,而导致起版师无法把握。因此,设计师应该从另一角度多绘制图样,让起版师能清楚地看见整个珍珠的位置,才能避免问题的发生。

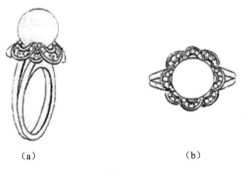

(a)　　　　　　　　(b)

附图 1

二、忽略制作的困难

如设计简法的钻戒,款式和结构本来没有问题,但是由于设计人忽略了金质地较软,爪底如果不连接,主石很易脱落。

附图 2

三、宾主不分

以混镶吊坠为例,由于设计师太着重式样的设计,忽略了主石的位置,造成主体与衬托物主次不分。

附图 3

四、重心不稳

有时候设计师一味地用美感来表现作品,而忽略了设计出的实物可能会重心不稳,饰物在实际佩戴中会偏向一边的情况。

附录 B　珠宝设计实例

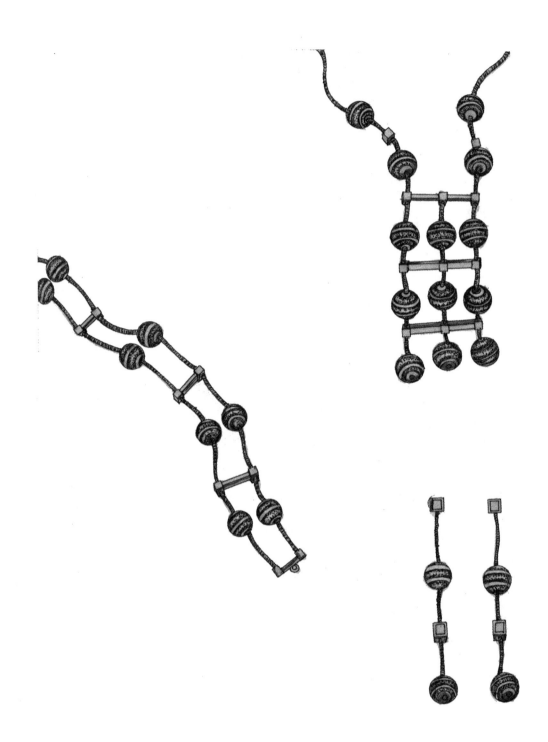

附录 B 珠宝设计实例

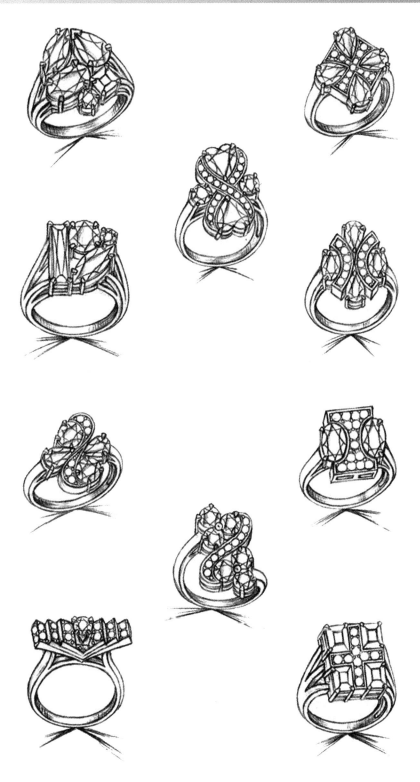

参 考 文 献

[1] 王晨旭,刘炎.JewelCAD珠宝设计实用教程[M].北京:人民邮电出版社,2007.
[2] 李天兵,胡楚雁,刘敏.首饰 CAD 及快速成型[M].武汉:中国地质大学出版社,2009.
[3] 张荣红.电脑首饰设计[M].武汉:中国地质大学出版社,2009.